基于汉北流域水循环与水环境恢复的河流生态需水量研究

闫少锋 李瑞清 许明祥 著

黄河水利出版社

·郑州·

内 容 提 要

本书总结作者近年来在汉北流域水资源、水环境等方面的研究成果,结合国内外相关文献,围绕水体氢氧同位素、分布式时变增益水文模拟、自然—社会水循环、水质模拟、生态需水适宜性评价等技术进行系统的论述,从改善水资源、水环境方面开展生态需水方面的研究,以期为此类研究提供技术参考。

本书可供水利工程设计单位的科研、技术人员,以及高等学校相关专业的教师、研究生、本科生阅读参考。

图书在版编目(CIP)数据

基于汉北流域水循环与水环境恢复的河流生态需水量研究/闫少锋,李瑞清,许明祥著. —郑州:黄河水利出版社,2021.10

ISBN 978-7-5509-3142-8

Ⅰ.①基… Ⅱ.①闫… Ⅲ.①河流-流域-水循环-研究-湖北②河流-流域-生态环境-需水量-研究-湖北

Ⅳ.①TV882.863②TV21

中国版本图书馆 CIP 数据核字(2021)第 208802 号

组稿编辑:郑佩佩 电话:0371-66025355 E-mail:1542207250@ qq. com

出 版 社:黄河水利出版社 网址:www. yrcp. com

地址:河南省郑州市顺河路黄委会综合楼 14 层 邮政编码:450003

发行单位:黄河水利出版社

发行部电话:0371-66026940、66020550、66028024、66022620(传真)

E-mail:hhslcbs@ 126. com

承印单位:河南瑞之光印刷股份有限公司

开本:787 mm×1 092 mm 1/16

印张:10.5

字数:245 千字 印数:1—1 000

版次:2021 年 10 月第 1 版 印次:2021 年 10 月第 1 次印刷

定价:88.00 元

前　言

　　汉北流域位于湖北省中南部,流域内水系发育,湖泊众多,人口密集。流域涉及行政区包括荆门市的京山县、屈家岭区、钟祥市、天门市,孝感市的汉川市、应城市、云梦县、孝南区,流域面积 8 655 km²,子流域包括天门河流域、汉北河流域、汈汊湖流域、溾水流域及大富水流域等。汉北流域濒临汉江,水土资源丰富,自然条件优越,农业生产十分发达,区内的天门市、京山县、应城市、汉川市均为湖北省的粮食主产区,是湖北省重要的粮棉油生产基地之一。

　　近年来,由于社会经济的快速发展,人与自然的冲突加大,汉北流域水资源矛盾愈发突出,同时流域内河流水环境质量差、水资源保障能力弱、水生态受损重、环境隐患多等问题也逐渐凸显。目前,我国正从以需定供的水资源配置发展到面向宏观经济和面向生态的水资源合理配置,把生态需水作为水资源配置需水结构中重要的组成部分。如何确定生态需水,如何协调生态需水与水资源配置的关系、流域之间及流域上下游之间的需水关系,是水科学的重点研究领域。

　　本书由闫少锋负责统稿工作。全书共 6 章,第 1 章由李瑞清、许明祥撰写,第 2 章~第 6 章由闫少锋撰写。本书主要内容如下:第 1 章绪论,主要介绍了本书的研究内容、方法及拟解决的关键科学问题;第 2 章介绍了生态需水理论与计算方法;第 3 章简述了研究区域概况与水资源现状;第 4 章为基于自然—社会水循环及水文学法、水力学法的生态需水计算;第 5 章开展了针对水环境恢复的生态需水研究;第 6 章为综合水量、水质联合生态需水计算及适宜性评价。

　　本书是在综合国内外研究资料的基础上,反复斟酌完成的,同时还融入了作者近年来的主要研究成果。

　　由于作者水平有限,书中可能存在不妥与不足之处,希望读者和有关专家批评指正。

作　者

2021 年 6 月

目　录

第 1 章　绪　论

1.1　研究背景与意义

1.1.1　国家需求

　　人类活动引起的水资源变化正深刻影响着自然资源和生态环境,由此引发的一系列水问题在世界各地普遍出现,并给人类生存带来了挑战[1]。随着科技的进步,人类活动趋于密集,水资源利用呈现出掠夺式的开发态势,水生态环境遭受前所未有的压力,水资源短缺、水生态退化、水环境恶化等水生态环境问题已成为阻碍我国乃至世界经济发展的重要因素[2-3]。2016 年全国供用水总量 6 040.2 亿 m³(中华人民共和国水利部,2017),较 1997 年增加了 8.52%。2016 年中国环境状况公报显示,全国地表水 1 940 个考核断面中,Ⅰ类、Ⅱ类、Ⅲ类、Ⅳ类、Ⅴ类和劣Ⅴ类水质断面分别占 2.4%、37.5%、27.9%、16.8%、6.9%和8.6%,全国河流水环境问题依然突出(环境保护部,2017)。水资源过度开发利用及经济社会用水大量挤占河流生态用水等引发了一系列的水资源短缺、水环境污染等水生态退化问题,严重阻碍了社会经济的可持续发展[4]。为实现我国经济社会又好又快发展,缓解我国资源和环境的瓶颈制约,国家发布一系列的条文以遏制水生态恶化的局面。2011 年 1 月,中央一号文件《中共中央　国务院关于加快水利改革发展的决定》(2010 年 12 月 31 日)首次提出实行最严格的水资源管理制度,并提到水资源保护规划、水环境保护、生态环境需水量等。2012 年 1 月,国务院发布了《国务院关于实行最严格水资源管理制度的意见》(国发〔2012〕3 号),指出当前我国水资源短缺、水污染严重、水生态环境恶化等问题日益突出,已成为制约经济社会可持续发展的主要瓶颈。2013 年 1 月,水利部印发了《水利部关于加快推进水生态文明建设工作的意见》,提出把生态文明理念融入到水资源开发、利用、配置及水害防治的各方面,加快推进水生态文明建设。2015 年 4 月,国务院印发了《水污染防治行动计划》,强调将科学确定生态需水量作为流域水量调度的重要参考。2016 年中央一号文件强调要落实最严格的水资源管理制度,强化水资源管理"三条红线"刚性约束,实行水资源消耗控制行动。2016 年 1 月,习近平总书记在重庆召开推动长江经济带发展座谈会时,强调走生态优先、绿色发展之路,让中华民族的母亲河永葆生机活力。2018 年 4 月,在重庆召开推动长江经济带发展座谈会后,习近平总书记再一次考察调研长江经济带发展,召开深入推动长江经济带发展座谈会,强调"共抓大保护、不搞大开发",把长江生态修复放在首位。国家对河流水环境治理、水生态修复等工作越来越重视,已经提升至一个较高的位置。

1.1.2　学科发展与前沿

　　生态需水研究是生态水文学研究的内容之一,是进行水资源的合理开发与利用,实施生态环境保护与建设、水资源利用与生态环境可持续发展的重要基础,其为如何处理水与生态、环境的相互作用与关系做出重要的科学指导[5]。确定合理的生态需水过程,并在河流水资源开发利用中保障生态需水要求,是河流水生态保护行之有效的方法[6]。在水资源短缺、水污染日益严重的今天,生态需水研究受到了高度重视,成为水资源管理的核心问题之一,也成为水生态环境保护的关键所在。为了缓解我国水资源短缺、水体污染与水环境功能退化等问题,众多学者致力于生态需水的研究工作当中。目前,大部分生态需水研究主要针对历史水文数据进行统计分析,或者基于某一方面的用水需求开展研究,缺乏针对目前水资源的主要问题开展综合性的生态需水研究。同时,生态需水研究通常只考虑自然因素,忽视了社会经济发展的影响作用,这种情况下的生态需水研究是一种理想状态下的结果,缺乏准确性。综合考虑自然水循环、社会水循环及水环境恢复多因素的生态需水研究尚属空白。因此,如何从水循环和水环境角度,综合考虑流域自然需水、社会经济发展需水及河流水环境恢复需水等多方面因素,开展综合条件下的生态需水量研究已成为一个热点问题。国际水文科学协会曾经多次召开专题讨论会讨论生态水文学问题,并出版了 *Hydrology*,*Water Resources and Ecology in Head waters*、*Hydro-ecology*：*Linking Hydrology and Aquatic*、*The Ecohydrology of South A merican Rivers and Wetlands* 三本书,研究生态水文、水资源可持续发展及生态需水量计算等。作为实现可持续发展的重要途径,水资源可持续利用、河流水环境恢复和生态需水的研究已受到国际广泛关注。

　　在生态需水研究方面,国外较早开展。Covich 较早开始了生态需水的研究,他认为生态需水是恢复和维持生态系统健康发展所需的水量[7]。Gleick 提出基本生态需水量的概念,即提供一定数量和质量的水给天然生境,以求最大程度地改变天然生态系统的过程,并保护物种多样性和生态整合性[8]。国内,刘昌明院士较早开展了生态需水的研究,提出了"四大平衡"即水热平衡、水盐平衡、水生平衡、水量平衡与生态需水之间的相关关系,探讨了"三生用水"(生活、生产、生态)之间的共享性[9]。杨志峰院士基于我国河流水资源遭受扰动的广度和深度在不断扩大的现状,对河流、湖泊、沼泽等的湿地的生态需水开展了研究[10]。2017 年,杨志峰院士主持并开展国家"十三五"重点研发计划"河湖沼系统生态需水保障技术体系及应用"项目研究工作。生态需水的研究逐渐成为水资源管理的热点,众多学者提出了满足不同功能的生态需水计算方法。如水文学方面代表性方法有 7Q10 法、Tennant 法、NGPRP 法、基本流量法(Basic Flow)、流量历时曲线法、RAV 法[11-12];水力学方面代表性方法有湿周法、R2CROSS 法[11];生态学方面代表性方法有 RCHARC 法、Basque 法、鱼类生境法、鱼类栖息地法等[11,13-18]。随着对生态需水的理论与计算方法研究的深入,以及用水矛盾的加剧,生态需水量在水资源配置、水资源规划与管理中受到重视,但生态需水研究也面临着变化环境以及社会—经济—自然系统互相影响、相互制约的挑战,其存在以下关键问题:①由于目标不同,生态需水计算方法不一致,计算结果风险大,在水资源规划、配置与管理实践中的应用难以达到预期结果;②忽略社会水循环对自然水循环与水环境的影响,生态需水计算结果通常为理想状态下的生态需水结果,不够精确。出现上述问题的关键原因之一就是"以单一化的、静态化的、理想化的环境流量规则来解决紧迫的河流管理问题"[19]。因此,综合考虑自然水循环、社会水循环和水环境恢复,研究生态需水量的动态特征成为发展趋势[20-21]。

在人为影响条件下,流域水循环由自然水循环和社会水循环共同组成,水资源的循环研究不仅要考虑自然水循环,社会水循环亦不可忽略[22-23]。1997 年,英国学者 Merrett 首次正式提出了与"Hydrological Cycle"相对应的术语"Hydrosocial Cycle"(社会水循环)[24]。Merrett 就如何构建区域社会水循环的通量平衡分析框架进行了初步的探索[25]。Falkenmark 构建概念框架,研究了社会水循环与自然水循环之间的相互作用[26]。Oki 将不同学者对自然水循环与社会水循环各个组成部分的研究结果综合起来,展现了一个全球自然水循环和社会水循环水文循环图[27]。Linton、Mollinga、Swyngedouw、Budds 等基于政策、经济及水资源管理等方面开展了流域社会水循环研究[28-31]。国内,张杰院士提出了节制取水、节约用水、污水深度处理和再生水循环利用的健康社会水循环模式,以此作为解决我国水危机的总体指导思想[32]。王浩院士提出了"自然—人工"二元水循环基本结构与模式,给出了社会水循环的科学概念[33]。近年来在 *Nature* 和 *Science* 等知名期刊相继出现有关人为活动、社会经济发展对河流生态环境影响的研究,Bakker、Palmer、Vörösmarty、Lovett 及 O'Connor 等研究了流域引水、水资源开发等社会活动对河流水资源安全、水生态系统的影响研究[34-38]。人为活动、社会经济发展对水循环的影响研究逐渐受到国外研究者的重视,其研究标志着水科学领域对社会水循环作用于自然水循环过程的认识已进入深刻化与系统化阶段。

社会水循环的存在赋予了生态需水"质"的属性,不考虑社会水循环对自然系统水循环的影响,生态需水仅强调了"量"的内涵,实质上是一种理想状态下的生态需水。因此,生态需水的研究不仅要考虑"量"的属性,还要考虑"质"的属性。水环境恢复("质"的属性)主要研究领域包括恢复健康的自然水循环、建立健康的社会水循环、维持流域生态系统平衡、水环境系统可恢复性和人类活动影响等方面[39]。水环境恢复不仅要考虑水体的自净能力,还要考虑水循环过程,维系生态需水,才能实现水环境的可持续利用。在水环境恢复的工作中,只有在实践中充分重视人类活动、社会经济发展影响,建立健康的水循环,才能促使水环境质量得到改善和维持[40]。

1.1.3 研究的价值与意义

在全球经济总量迅速增长的今天,人类用水规模和干扰自然水系统的深度达到前所未有的高度,不合理的水资源利用引发了一系列的水资源、水环境问题,此类问题日益成为人类持续发展的"瓶颈"问题。越来越多的学者和管理者都开始充分意识到社会水循环对于自然水循环和生态系统的影响与作用,纷纷呼吁进一步加强社会水循环系统的基础和调控研究[41]。仅考虑自然水循环的生态需水分割计算模式越来越成为制约生态需水计算的障碍,综合考虑自然水循环—社会水循环、水量—水质的生态需水计算是生态需水研究的突破口,更是实现社会经济可持续发展目标的迫切要求。为解决目前生态需水研究方面存在的问题,应当建立起健康的生态需水研究模式,在尊重水的自然运动规律的前提下,合理科学地使用社会水资源,使得生态需水计算不仅符合水的自然循环的客观规律,而且还能满足社会经济可持续发展的需求。

本书紧扣国家发展中的重大科技需求,针对社会、环境、生态用水过程中存在的问题,基于自然—社会水循环和水环境恢复的基本需求开展生态需水研究,提出流域水系适宜生态需水量计算、评价方法,合理确定适宜的生态需水量。本书研究内容对水利工程生态调度、建立健康河流水循环、促进水环境建设和实现水资源合理配置具有重要意义,为新常态下综合考虑水量—水质的水资源配置和水环境可持续利用提供了科学基础。

1.2　国内外研究进展

1.2.1　国外研究进展

国外较早开展河流生态需水研究,有着较为丰富的理论与方法及研究成果,其主要集中在河流方面,早期的研究开始于河道枯水流量的研究[42]。早在 20 世纪 40 年代,美国鱼类和野生动物保护协会为了避免河流生态系统退化,开始对河道内最小生态流量进行研究,并提出了 Instream Flow Requirement 的概念[42-43]。

20 世纪五六十年代,美国针对河道枯水流量和鱼类及无脊椎动物等所需水量,制订了一些关于补偿流量的规定,目的在于保护鱼类、航运需求和下游公众健康用水权益[44]。其他国家也开始注意到生态需水研究的必要性,英国水资源法要求河流管理局设置最小需水量(MAFs),并对其进行定期监测[44]。孟加拉国、印度和埃及等国家对其流域水资源进行重新评价和规划,并对河流基本流量进行了计算[45]。

20 世纪七八十年代,河流生态需水及其相关概念得到人们的普遍认可,学者们开始从不同角度对其进行研究。众多发达国家加入研究行列,包括英国、澳大利亚、新西兰、南非等国,之后巴西、捷克、日本、葡萄牙等国也陆续开展相关研究[46-47]。1976 年,Tennant等根据水文历史资料进行河流流量分析,在完成对美国西部地区河流流量与生物关系的研究后,提出了基于历史流量资料的 Montana 法,奠定了河流生态需水的理论基础,对以后的研究起到很大带动作用[12]。之后,河流生态需水方面形成了更多较为完善的计算方法。

20 世纪 90 年代,随着河流生态环境问题的日益严重,水资源和生态相关性的研究陆续开展,生态需水量研究逐渐成为全球关注的焦点,这一时期明确提出了生态需水的概念,并开展了广泛讨论,并强调在确定河流流量的同时应考虑生态系统的完整性[48-49]。Gleick 于 1998 年明确提出了基本生态需水量(Basic Ecological Water Requirement)的概念,即需要提供一定质量和数量的水供给天然生境,以求最小程度地改变天然生态系统,并保护物种多样性和生态完整性[8]。

21 世纪实现生态需水和人类需水的协调配置将是人类的追求目标。总体来说,20 世纪 90 年代以前河流流量的研究,主要考虑河道物理形态、所关心的鱼类、无脊椎动物等对流量的需求,由此来确定最小、最佳的流量。在确定河流流量的过程中未充分考虑生态系统的完整性。20 世纪 90 年代后的研究,不仅考虑维持河道的流量,包括最小和最适宜流量,而且还考虑河流流量在纵向上的连接,并开始考虑河流生态系统的完整性,考虑生态系统可以接受的流量变化[50]。此外,国外研究强调水资源在整个生态系统中的地位和作用,并注重生态系统与水有关的各因素之间的综合研究,特别是生物多样性的研究[51]。

1.2.2 国内研究进展

我国关于生态需水的研究起步较晚,始于 20 世纪 70 年代的河流最小流量研究,随着研究的进行,生态需水研究开始向更广的范围扩展[52]。

20 世纪 80 年代,我国开始了对生态需水的探索阶段,针对水污染日益严重的问题,《关于防治水污染技术政策的规定》指出:在水资源规划中要保证为改善水质所需的环境用水[44]。

20 世纪 90 年代,我国的生态需水研究迅速发展,刘昌明院士从水资源开发利用与生态、环境相互协调发展角度出发,提出了计算生态需水量应遵循四大平衡原则:水热(能)平衡、水盐平衡、水沙平衡以及区域水量平衡与供需平衡,从而丰富了水资源合理开发利用的内涵[53]。1998 年长江和嫩江的大洪水、90 年代黄河的断流、北方地区沙尘暴的肆虐、江河湖泊污染等一系列事实,让人们开始认识到水资源合理配置与生态环境保护之间的密切关系。目前,在水资源配置中,生态需水配置已摆在了十分重要的位置[54]。

2001 年,《中国可持续发展水资源战略研究综合报告及各专题报告》出版,代表了我国生态需水研究真正意义上的开展[52]。随后,在南水北调跨流域调水、水利与国民经济协调发展等项目,以及全国水资源规划中,都将河流生态需水作为供需平衡必须考虑的内容,其已成为人们关注的热点之一,并逐渐成为水资源科学研究的热点领域[55]。

21 世纪后,众多学者开始从水循环角度研究具体河流的河道生态需水,研究重点也转向河道生态需水在实践中如何配置的问题,另有学者从水量和水质相结合的角度重新认识生态需水。

近年来,在南水北调水资源配置、水利与国民经济协调发展等项目中,以及新的全国水资源规划中,都将生态需水作为供需平衡必须考虑的内容。生态需水已越来越受到人们的广泛关注与重视,并逐渐成为水资源学科的研究热点[17]。

1.3 研究内容、研究目标及拟解决的关键科学问题

1.3.1 研究内容

本书针对目前普遍存在的河流水资源短缺、水环境差、水资源配置不合理等问题,紧扣水环境治理与水生态保护的国家需求,基于自然—社会水循环、水环境恢复需求开展河流生态需水研究,以期为合理利用水资源、改善水环境、保障河流水生态安全提供适应性对策。研究内容如下。

1.3.1.1 流域地表水同位素分析

采集研究区域的地表水、地下水及雨水水样,开展氢氧同位素测定,研究汉北流域的大气降水线及降水、地表水、地下水的氢氧同位素组成,分析流域内不同河流、河段水体环境同位素氢氧组成情况,开展流域水体来源、组成等的研究。

1.3.1.2 基于分布式水文模型的自然水循环研究

由于我国水文站点建设相对较少,不利于水文资料较少地区水文研究的开展,为了达

到充分了解汉北流域的水循环规律,基于分布式时变增益水文模型(Distributed Time Variant Gain Model,简称 DTVGM)建立流域水循环模型,利用历史水文数据、降水数据及 DEM 等数据进行流域水文情势变化趋势分析与水量模拟,揭示区域水资源的分布和循环规律,为区域水循环提供最基本的水量信息,拓展资料较少或者无资料地区的水文研究。

1.3.1.3　基于自然—社会水循环的河流生态需水研究

基于流域水资源量和社会用水量数据,分析研究区域内的自然水循环与社会水循环过程,根据区域地表水资源总量和社会经济发展利用的水资源量,判断水资源开发利用对生态环境的影响程度,确定水资源开发利用的合理阈值,提出生态目标,进行生态需水量计算。

1.3.1.4　河流水环境恢复需水研究

开展河流水质调查研究,对流域进行水环境质量评价,分析流域水质的时空分布状况。以高锰酸盐指数为分析指标构建流域水质模型,进行河流水质模拟,设定水环境恢复目标,计算相应的生态需水量。

1.3.1.5　生态需水量适宜性分析

综合分析基于自然—社会水循环和水环境恢复的生态需水计算结果,对二者进行联合计算,确定综合条件下的生态需水量,建立生态需水适宜性评价指标体系和评价方法,合理确定适宜的生态需水量。

1.3.2　研究目标

基于流域水系统理论,利用 DTVGM 建立流域的水循环模型,分析流域自然—社会水循环过程,结合河流水体同位素组成分析,揭示流域水文循环规律;基于流域内的水环境问题,开展流域水质现状分析及全流域模拟研究;基于水循环过程与水环境恢复需求,分别计算生态需水量,并对生态需水结果进行联合分析计算,推动水量水质生态需水量联合理论的发展;建立生态需水适宜性评价指标体系和评价方法,科学评估河流适宜生态需水量,为保障水生态安全、改善水环境提供新思路与方法,为水资源调配提供科学依据。

1.3.3　拟解决的关键科学问题

本书包含 2 个拟解决的关键科学问题:

(1)维持水循环与恢复水环境需水计算及结果的联合分析问题。

由于目前生态需水研究大多忽略了社会水循环的影响,其实质是理想状态下的生态需水,不能满足实际中的应用需求。如何综合考虑自然水循环、社会水循环及河流水环境恢复等因素进行生态需水计算,并综合以上多方面计算结果进行联合分析,开展综合考虑自然、社会水循环与水环境恢复的生态需水研究,确定满足综合条件下更为合理的河流生态需水量结果是必须要解决的科学问题。

(2)生态需水适宜性评价。

生态需水适宜性评价包括生态需水计算方法的确定与适宜性的合理评价问题,由于计算方法及影响因素众多,生态需水适宜性研究需要考虑水资源循环、水环境保护等约束条件,对基于维持水循环与恢复水环境需水的计算结果进行联合分析,建立河流适宜生态需水量计算体系与评价方法,是确定适宜生态需水量的关键科学问题之一。

1.4 研究方法、研究方案与技术路线

1.4.1 研究方法

采用调查分析、模型模拟、联合分析及建立评价体系进行评价的研究方法,综合考虑社会经济及工农业发展过程中,自然水循环、社会水循环及水环境污染等多因素影响下的河流生态需水,确定适宜生态需水量。利用 DTVGM 水文模型模拟与河流水体氢氧同位素组成研究流域水文循环过程,分析此流域范围内的河流水文情势、水量信息,结合工农业社会经济用水研究自然—社会水循环综合条件下水资源动态变化情况;在实测河流水质的条件下,利用 MIKE 11 进行河流水动力、水质分析,对研究流域内的水循环、水环境变化过程进行分析,计算河流社会水循环需水、水环境恢复需水;在维持水循环及恢复水环境需水计算结果的基础上进行联合分析,确定综合考虑水循环与水环境条件下的河流生态需水,建立生态需水适宜性评价指标体系,开展生态需水适宜性评价,最终确定适宜生态需水量。

1.4.2 研究方案

(1)河流水体氢氧同位素组成研究。

利用氢氧同位素技术,分析研究流域内地表水、地下水、降水的氢氧同位素组成,追踪流域内水体的来源、组成等,分析流域内不同河流、河段、地表水和地下水存在的相互影响及内在联系。

(2)分布式时变增益水文模型水循环模拟。

利用长时间序列的径流、降水、蒸发、DEM 及流域下垫面数据资料等数据,基于 DTVGM 构建流域水文模型。对研究流域进行子流域划分,计算地表径流、壤中流及河流基流,从而得出子流域总产流,最终得到流域水量信息。综合考虑流域水文模拟结果与社会用水情况,分析整个研究流域的径流时空变化及水循环过程。

(3)考虑自然—社会综合条件下的水循环研究。

基于流域的水文循环模拟结果,分析研究区域在社会水循环影响下的河流水循环变化过程和面临的挑战,提出合理的水资源合理配置、调控管理模式,科学确定自然水循环与社会水循环生态需水,旨在为自然水循环与社会水循环良性共存和可持续发展提供科学依据,为流域创新水资源管理、促进水—经济—环境协调发展提供参考。自然—社会水循环流程如图 1-1 所示。

(4)生态需水计算结果联合分析研究。

采用上述水循环生态需水与水环境恢复需水计算结果,通过理论分析,识别出生态过程、水文过程、社会过程的宏观状态变量,研究适应流域水循环与水环境恢复的水量水质联合分析方法。生态需水量联合分析流程如图 1-2 所示。

(5)生态需水适宜性评价。

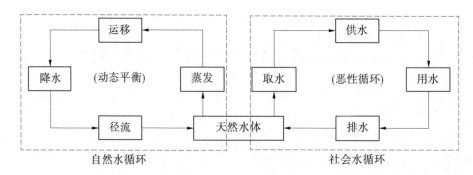

图 1-1　自然—社会水循环流程

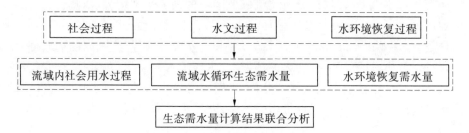

图 1-2　生态需水量联合分析流程

　　分别从水量、水质方面建立生态需水适宜性评价方法,建立综合水量、水质的适宜性评价体系,对各河流生态需水计算结果进行适宜性评价,最终确定适宜生态需水量。生态需水适宜性评价体系如图 1-3 所示。

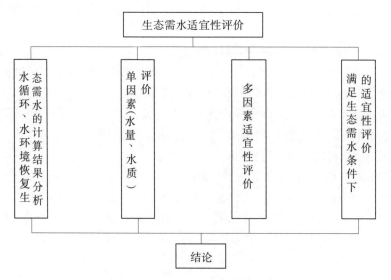

图 1-3　生态需水适宜性评价体系

1.4.3　技术路线

　　项目采用调查评价、模拟计算和综合分析的研究思路。通过收集和现场监测,得到流域的水文、气象、水环境同位素、河流水质等数据,研究社会水循环过程、水环境变化情况;分析汉北流域水环境同位素、建立流域内的河流分布式水循环模型和河流水质模型,计算满足社会水循环、水环境恢复的河流生态需水量,并进行联合分析,计算综合条件下的生态需水量;建立水量—水质生态需水评价体系,进行流域生态需水适宜性评价,确定流域内河流适宜生态需水量。为保障流域水生态安全、改善水环境及流域的水资源配置提供依据。本书研究总体技术路线如图 1-4 所示。

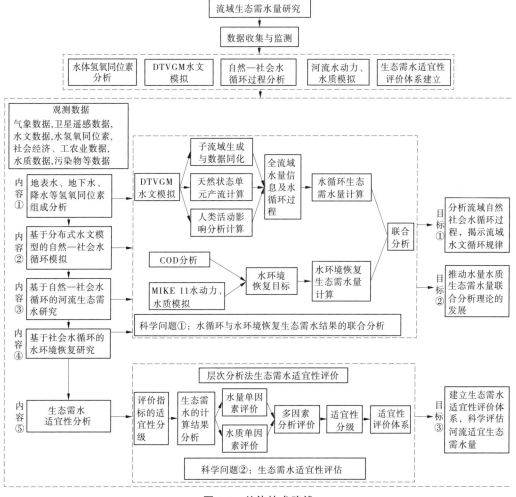

图 1-4 总体技术路线

第 2 章　生态需水理论与计算方法

2.1　生态需水概念与内涵

生态需水的研究起步相对较晚,概念的提出也不过是近30年的事情,各学者根据自身的理解及研究对象、研究目的的不同,提出了诸多相似的定义,以及多种多样的生态需水的概念,但至今仍无一个相对统一的定义。不同的学者对生态需水或相近概念的表述相同,但其内涵并不完全一致。

纵观前人对生态需水的研究成果,具有代表性的表述有如下几个:

在国外,Gleick定义生态需水是维持和恢复生态系统健康发展所需的水量,即提供一定质量和数量的水给天然生境,以求最大程度地改变天然生态系统的过程,并保护物种多样性和生态整合性;同时,应该考虑气候、季节变化等因素对生态需水的影响,认为基本生态需水应是在一定范围内可以变动的值,而不是一个固定的值[8,56-58]。

在国内,刘昌明院士较早开展了生态需水研究,根据水资源开发利用与生态用水的关系,提出了"四大平衡"原理,即水分能量平衡、水盐平衡、水沙平衡与水量平衡(含水资源供需平衡)。刘昌明院士认为,从广义上讲,维持全球生物地理生态系统水分平衡所需要的水,包括水热、生物、水沙与水盐等平衡所需要的水都是生态环境用水,狭义的生态环境用水是指为维护生态环境不再恶化并逐渐改善所需要消耗的水资源总量,其狭义概念的实质是生态环境建设用水[9,59]。2001年,钱正英院士等在《中国可持续发展水资源战略研究综合报告及各专题报告》中提出:从广义上讲,生态需水是指维持全球生态系统水分平衡(水热平衡、水盐平衡、水沙平衡等)所需用的水。狭义的生态环境需水是指为维护生态环境不再恶化,并逐渐改善所需要消耗的水资源总量[60]。夏军院士认为生态需水量是指在水资源短缺地区为了维系生态系统生物群落基本生存和一定生态环境质量(或生态建设要求)的最小水资源需求量。它包括天然生态保护与人工生态建设所消耗的水量,其内涵是:以可持续发展为前提的天然生态保护与人工生态建设的需水,其外延包括地带性植被所用降水和非地带性植被所用的径流。因此,生态需水量可以理解为维系一定生态系统功能所不能被占用的最小水资源需求量,包括天然生态和人工生态,其计算有河道内和河道外之分,基础是自然变化和人类活动影响下的流域水循环规律的认识与模拟[61]。

2.2　生态需水的特点

生态需水是为满足生态系统某些功能所需要保持的水量,其综合了水文学、水力学、生态学等学科,因此生态需水的特点集中了这些学科的特性。传统的水资源是指一定时段内可以恢复和更新的可供人类开发利用的水体,表现为在一定时间、空间内的一定数量和质量的水体,具有时间、空间、水量、质量四个要素[62]。生态需水则是指在特定的时间和空间上指满足生态系统的生态功能保持正常运行水平的一定水量和水质的水资源。因此,生态需水的特点就反映在水资源四个要素的这种统一性和差异性上,即水量与水质的统一性及时间与空间的差异性。

综上,生态需水具有时间性、空间性、统一性和阈值性等特点。

2.2.1　时间性

生态系统随着时间而发展、演替,从长时间来看有生态系统的进化,从中时间来看有生态系统的演替,从短时间来看有年度、季度和昼夜变化,不同时间段具有不同的水需求。另外,生态需水的时间性还表现为水资源循环系统的时间变化性,河流系统表现有年际的波动、季节的分配,需要从时间上合理分配生态需水,保证生态环境功能的充分发挥。例如,河流的输沙排盐主要是利用汛期的洪水量,而对于河流基本的污染净化和水生生态功能的维持,则要求全年各个时段都要有相应的水量保证。不同的生态系统,其生物的生长季是不同的,有些生物在整年的时间内都要求有足够的水供应,而另一些生物需水则主要集中在春、夏季节。

2.2.2　空间性

生态系统不能脱离一定的区域范围而存在,具有显著的区域空间性。而水资源的分布又具有立体空间性,水资源在立体空间上拥有不同的存在形式,例如大气水、地表水、土壤水和地下水。因此,研究区域的不同,生态需水的内容也将不同。生态需水的空间性,不仅表现在要保持总量的满足,而且还要保证在区域空间和立体空间上的合理分布[63]。河流生态需水的空间性表现在纵向、垂向和横向上[64]。纵向上,根据河流连续体理论,河流生态需水具有上下游、干支流的连续性和流动性,以满足河道生态系统纵向上的连续性。垂向和横向上,河流生态需水应保证河流地表水和地下水的垂向交换及河道水与河漫滩湿地水的横向交换[65]。因此,研究区域不同,生态需水的内容也将不同。

2.2.3　统一性

一直以来,在对生态需水研究的过程中,往往只是强调了生态系统自身对水量需求的多少上,而忽视了水在生态系统内的真实运移状况,没有过多地考虑不同质量的水对生态系统功能发挥的影响,从而使人们在对水资源配置的实践中,错误地认为只要给生态系统预留一定的水量,就能够维持生态系统的健康,或者恢复生态系统的基本功能,达到预想的生态保护目标。生态需水是一定水质标准下满足生态系统需求的水量。生态需水作为水资源的一部分,应具有水资源的性质,有"量"无"质",或有"质"无"量"均不能称之为水资源[66]。水量与水质是密不可分的,特别是在河流生态系统中,它们都属于非生物环境的两个重要属性[67]。生态需水不仅要满足生态系统水量方面的需求,而且要满足水质方面的需求,其是质与量的统一体,必须同时达到水量目标和水质目标,才能满足河流生态系统结构与功能的需要[64, 68]。

2.2.4　阈值性

对于任一生态系统,其生态需水都存在一个上下限,如果可供利用的水资源过少,那么将不能满足生物基本生长或存活的需要,生态系统将退化甚至消亡。如果可供利用的水资源过多,也必将影响生态系统的健康[69-70]。如图 2-1 所示,首先,生态系统随利用水量的增加而发展,此时水量是决定生态系统发展的关键因子,生态系统健康与最小生态需水之间具有一个临界对应关系,即最小—疾病临界点(A),小于此操作点,生态系统将退化,甚至难以恢复,这个操作点就是生态系统的最小生态需水量。随着水量的逐渐增加,生态系统的发展及其健康状况更加合理和优越化,当水量达到某一范围值时,生态系统健康达到最佳水平,健康保持稳定,这个范围就是生态系统的优等生态需水范围。当水量超过生态系统的优等范围时,生态系统的健康受到过多水分的影响而下降,此时是生态系统的最大生态需水量,这时也存在一个临界对应关系,即最大—疾病临界点(D)。因此,在最小和最大临界范围内是生态系统健康的保障,研究生态系统需水量也多在此范围内进行界定[63]。

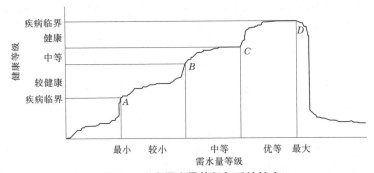

图 2-1　生态需水量等级与系统健康

2.3　生态需水量计算方法

针对汉北流域主要河流、湖泊,生态需水的计算主要包括研究河道内以及湖泊水域范围内的生态需水,暂不考虑河道外需水。

Jenny Davis 等在澳大利亚"国家河流健康计划"报告中把确定生态需水量的方法分为基于水文学的方法(hydrology-driven approaches)和基于生态学的方法(ecology-driven approaches)两类[71]。杨志峰院士根据生态需水的组成结构和特点,将其评估方法归纳为两类:一类是水文学方法,另一类是生态学方法,还对河道生态需水研究方法进行了分析,总结出水文学法、水力学法、水文—生物分析法、生境模拟法、综合法及环境功能设定法等多种河道内生态需水量计算方法,见表 2-1[11]。

表 2-1　不同河道生态需水研究方法比较

研究方法	评价方式	数据要求	生态基础	主要优点	局限性
水文学法	水文指标	水文	天然流量和生态系统状况的关系	快速、数据容易满足、不需要现场测量	标准需要验证、未能考虑高流量
水力学法	河流水力参数	水力	生物生产力与河道湿面积的关系	简单的现场测量	体现不出季节性
水文—生物分析法	测量与生物种群和生物量回归关系	水文、生物	生物种群及生物量与流量的关系	可直接反映生物种群变化	生物数据缺乏、相关影响复杂
生境模拟法	生境适宜性曲线	水力、生物	生境与生态系统之间的关系	理论依据充分	需要定量人力物力、操作复杂、不适用于河岸带
综合法	河流生态系统整体性要求	水文、生物	天然流量与生态系统整体性的关系	生态整体性、与流域管理规划相结合	时间长、资源消耗大
环境功能设定法	河流水质标准	水文、污染排放	河流的稀释、自净功能	水质保护和水量维持相结合	计算结果容易偏大

经过多年研究发展,河道内生态需水的计算方法种类较多,常用的方法主要包括水文学法、水力学法、生态学法和综合法。

2.3.1　水文学法

水文学法在一些文献中也被称作历史流量法、统计学观点。它利用历史流量资料来推导河流生态流量。其代表方法有 7Q10 法[72]、Tennant 法[12]、Texas 法[73]、NGPRP 法[74]、基本流量法(Basic Flow)[75]等。

2.3.1.1　7Q10 法

7Q10 法采用 90%保证率下最枯连续 7 天的平均水量,作为满足污水稀释功能的河流所需流量,目的是维持河流水质标准,但其常常低估河流流量需求,造成河流生态功能要求不能得到满足[11]。

2.3.1.2　Tennant 法(Montana 法)

Tennant 法也叫 Montana 法,解决的是水生生物、河流景观及娱乐条件和河流流量之间关系的问题,是以预先确定的年平均流量百分数作为河流推荐基流量。它是一种更多地依赖于统计的方法,建立在历史流量记录的基础上并将平均每年自然流量的简单百分比作为基流,更适宜于季节性为基础的需求。如 10% 的年平均流量是退化或贫瘠的栖息地条件;20% 的年平均流量提供了保护水生生物栖息地的适当标准;在小河流中,30% 的年平均流量接近最佳生物栖息地标准。

河道生态需水量计算公式为:

$$W_t = \sum_{i=1}^{12} M_i N_i \tag{2-1}$$

式中:W_t 为河道生态需水量;M_i 为一年内第 i 个月的多年平均流量;N_i 为对应第 i 月的推荐基流百分比。

该方法的优点是:不需要现场观测,在有水文站的河流,年平均流量的估算可以从历史资料获得;在没有水文站的河流,可通过可以接受的水文技术来获得平均流量。但是该方法没有考虑到河道流量的动态变化,未明确水环境、生态特征等影响因素,没有从流域特性及成因规律分析流量的特点。该法在优先度不高的河段,研究河流流量时作为推荐值使用,一般具有宏观的定性指导意义,可作为其他方法的一种检验,如表 2-2 所示。

表 2-2　河流生态需水的流量状况标准

流量描述	推荐流量(10月至翌年3月)平均流量百分比(%)	推荐流量(4~9月)平均流量百分比(%)
最大	200	200
最佳范围	60~100	60~100
极好	40	60
非常好	30	50
好	20	40
中或差	10	30
差或最小	10	10
极差	0~10	0~10

2.3.1.3　Texas 法

Texas 法是在 Tennant 法的基础上进一步考虑了季节变化因素,它将 50% 保证率下月流量的特定百分率作为最小流量。该法是根据各月的流量频率曲线进行计算,其中特定百分率是以研究区典型植物及鱼类的水量需求设定的[11]。

2.3.1.4　NGPRP 法

NGPRP 法为 Northern Great Plains Resource Program 的简称,其是将年份分为干旱年、湿润年、标准年,取标准年组 90% 保证率流量作为最小流量。该法考虑了干旱年、湿润年和标准年的差别,综合了气候状况及可接受频率因素,但缺乏生物学依据。

2.3.1.5　**基本流量法**

基本流量法是根据河流流量变化状况确定所需流量,具体方法是根据平均年的 1 天、2 天、…、100 天的最小流量系列,计算 1 和 2、2 和 3、…、99 和 100 点之间的流量变化情况,将相对流量变化最大处点的流量设定为河流所需基本流量。

2.3.1.6　**最小月平均流量法**

最小月平均流量法即河流基本的环境需水量法,是把河流最小的月平均实测径流量

的多年平均值作为河流生态流量。计算公式为:

$$Q = \frac{1}{n} \sum_{i=1}^{n} \min_{j=1}^{12}(Q_{ij}) \tag{2-2}$$

式中:Q 为河流生态流量,$\mathrm{m^3/s}$;Q_{ij} 为第 i 年第 j 月的月均流量,$\mathrm{m^3/s}$;n 为统计年数。

2.3.2　水力学法

水力学法应用水力学现场数据,分析河流流量与鱼类栖息地指示因子之间的关系,从而确定生态需水量[76]。水力学法是根据河道水力参数(如河宽、水深、断面面积、流速和湿周等)确定河流所需流量。代表方法有湿周法[77]、R2CROSS 法[78]、水力半径法[79]等。

2.3.2.1　湿周法

湿周法利用湿周(过水断面上,河槽被水流浸湿部分的周长称为湿周)作为衡量栖息指标的质量来估算河道内流量的最小值,基于这样的假设,即湿周和水生生物栖息地的有效性有直接的联系,保证好一定水生生物栖息地的湿周,也就满足了水生生物正常生存的要求[80]。

该法的基本思想是:首先通过确立河流流量与湿周的函数关系,绘制出湿周—流量曲线。湿周法有三种计算方法:可从多个河道断面的几何尺寸—流量关系实测数据经验推求;或从单一河道断面的一组几何尺寸—流量数据中计算得出;或利用曼宁公式。然后找曲线上的增长变化点(break point),即最大曲率或斜率为 1 处的那个点对应的流量就是最小生态流量。通常,湿周随着河流流量的增大而增加。然而,当湿周超过某临界值后,河流流量的巨幅增加也只能导致湿周的微小变化。根据这一河流湿周临界值的特殊意义,只要保护好作为水生生物栖息地的临界湿周区域,也就基本上满足了非临界区域水生生物栖息保护的最低需求。该法将河流临界湿周作为水生生物栖息地质量指标估算相应河流生态需水量时,所得的流量会受到河道形状的影响,而且该法忽视了水流流速的变化,未能考虑河流中具体的物种或生命阶段的需求。所以,该法要求河槽稳定且不随时间变化,适用于宽浅河道。湿周法示意如图 2-2 所示。

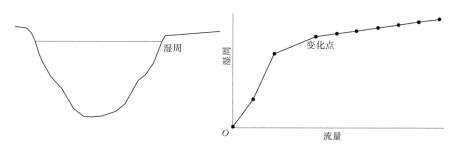

图 2-2　湿周法示意

2.3.2.2　R2CROSS 法

R2CROSS 法由美国科罗拉多州水利局的专家开发利用,该法认为河流流量的主要生态功能是维持河流栖息地,尤其是浅滩栖息地,其采用河流宽度、平均水深、平均流速、湿周占横断面周长的百分数及湿周率(湿周占多年平均流量的湿周的比例[81])等指标作为反映生物栖息地质量的水力学指标,从而确定河流目标流量。若能在浅滩类型的栖息地保持这几种参数在足够的水平上,将足以维持鱼类与水生无脊椎动物在水塘与水道的水生生境。该法确定最小生态需水量需要两个标准:一是湿周率,二是保持一定比例的河流宽度、平均水深及平均流速。R2CROSS 法是以曼宁方程为基础,计算所需水量,根据一个河流断面的实测资料,确定相关参数,并将其代表整条河流。

该法的优点是只需要进行简单的现场测量,不需要详细的物种—生境关系数据,数据容易获得,根据研究水域的水生生物的水力喜好度(偏爱流速、水深等)确定栖息地生存需求,综合考虑了水力特性和生态特性[82]。其缺点是体现不出季节变化因素,通常不能用于确定季节性河流的流量;仅针对河宽小于 30 m 的中小河流进行标准设定,对河宽大于 30 m 的河流,其标准只能作为参考[83]。

2.3.2.3　水力半径法

水力半径法是刘昌明院士等提出的新方法,该法定义了生态流速 $v_{生态}$ 和生态水力半径 $R_{生态}$ 两个基本概念,并提出两点假设:一是天然河道的流态属于明渠均匀流,二是流速采用河道过水断面的平均流速。基于上述两点假设及相关概念,根据明渠均匀流公式,可以得到水力半径 R 与过水断面平均流速 $\bar{v}$、水力坡度 J 和糙率 n 之间的关系:

$$R = n^{3/2} \bar{v}^{3/2} J^{-3/4} \tag{2-3}$$

若将过水断面平均流速赋予生态学意义,即将生态流速 $v_{生态}$ 作为过水断面的平均流速,那么此时的水力半径就具有生态学的意义(生态水力半径 $R_{生态}$),然后用这个生态水力半径来推求该过水断面的流量即为满足河流的一定生态功能(如鱼类洄游)所需要的生态流量。

2.3.3　生态学法

生态学法包括现存或期望生物对水量的需求和分配,也包括对历史水量数据的检验,但不同于水文学方法,其主要是基于生态管理的目标。生态学法主要有以下方法。

2.3.3.1　栖息地法

栖息地法是对水力学方法的进一步发展,根据指示物种所需的水利条件确定河流流量,目的是为水生生物提供一个适宜的物理生境。因为生境法可定量化,并且是基于生物原则,所以目前被认为是最可信的评价方法,代表方法有流量增加法(IFIM 法)[84]。IFIM 法是由美国鱼类和野生动物部门提出的,该法把大量的水文水化学实测数据与特定的水生生物物种在不同生长阶段的生物学信息结合起来,进行流量增加的变化对栖息地影响的评价,考虑的主要指标有河水流速、最小水深、河床底质、水温、溶解氧、总碱度、浊度、透光度等。IFIM 法根据这些指标,采用物理栖息地模拟模型(PHABSIM 模型)模拟流速变化与生物栖息地类型的关系,通过水力数据和生物学信息的结合,确定适合于一定流量的主要水生生物及其栖息地类型。该法不仅可用于水生生物需水评价,也可用于景观、娱乐等功能要求。

2.3.3.2　栖息地排水法

栖息地排水法是给目标鱼类物种及其栖息地繁殖和保持需求提供一个特殊的推荐值。

2.3.3.3　水力定额法

水力定额法是运用一个或多个水力参数,如最大深度和流速,来预测适宜河道内栖息地的变化。

2.3.4　综合法

综合法包括南非的 BBM 法[85](Building Block Methodology,建立分区法)和澳大利亚的 HEA 法[86]。这种方法克服了水文—生物分析法和生境模拟法都是针对个别生物的缺点,强调河流是一个综合生态系统。它从生态系统的整体出发,根据专家意见综合研究流量、泥沙运输、河床形状与河岸带群落之间的关系,使推荐的河道流量能够同时满足生物保护、栖息地维持、泥沙沉积、污染控制和景观维护等功能。综合法对于解决较小型河道生态需水较为实用,但对于大河而言,需要有更多的实践和参数变换,同时综合法不太适用于对湖泊、沼泽湿地等的分析。

2.4　平原河网区流域特征及河流断面划分

河流可分为自然河流和人工河流,自然河流指自然形成的、基本没受人为干扰、或人为干扰并没有影响或改变其特征的河流,如大江、大河、乡村河流及山谷、森林中的河流、小溪等。一般来说,平原河网区由于地势平坦、水资源丰富,便于农业的发展,自古以来都是人口密集的区域。因此,相比自然河流,平原河网区的河流更容易受到人为干扰,这也是平原河网区与其他河流表现出不一样特征的重要原因。

近几十年来,平原河网区河流受人为干扰的强度、频度和持续时间呈不断上升的趋势,已成为影响流域生态系统健康的主导因子。人为高强度胁迫已经引起流域生态系统结构和功能发生变化,流域生态需水量的不足和水质的恶化,导致了源头集水区水资源涵养能力下降;中下游湿地生态系统恶化,河道断流,湖泊注淀萎缩干枯,调蓄洪水空间不足,流域生态安全受到威胁。因此,流域生态需水规律研究是科学管理水资源和维持流域生态系统健康的关键[87]。

流域生态需水是指流域生态系统为维持一定程度的生态系统健康所需要一定质量的水量。它以流域生态水文循环过程为主线,以保证流域生态系统结构和生态功能、生态服务功能和特殊性功能为目标,实现流域生态系统健康和水资源可持续利用。流域生态系统由不同类型生态系统组成,流域不同类型生态系统间水循环的联系使得流域生态需水具有不同功能生态需水间的兼容性,因此需以流域水循环为基础,考虑流域内不同类型及不同空间生态系统生态需水间的相互关系[87]。

2.4.1　平原河网区河流的特征

随着社会的发展、人类与环境间相互作用的增强,人类越来越多地影响聚居区附近河流的水文特征、物理结构和生态环境,使得这种受到人为干扰的河流与其他形式的河流有了越来越明显的区别,如城市河流就是一个极端例子。人类利用堤防、护岸、沿河的建筑、桥梁等人工景观建筑物强烈改变了河流的自然景观,产生了许多影响,如岸边生态环境的破坏以及栖息地的消失、裁弯取直后河流长度的减少以至河岸侵蚀的加剧和泥沙的严重淤积、水质污染带来的河流生态功能的严重退化、渠道化造成的河流自然性和多样性的减少以及适宜性和美学价值的降低等。据统计,到 20 世纪初期,世界上几乎已没有一条完整的自然河流,河流自然性的严重破坏与退化已被公认为一个全球性的生态环境问题。

以汉北流域典型河湖水系为例,与自然河流相比,平原河网区河流具有明显的人工干扰特点。

(1)改变天然水循环过程。平原河网区河流对所属流域有着区间排洪的服务功能,为了使平原在汛期不会发生水灾,因此对河流加筑水泥堤岸,所以很多的平原河网区河流都被人为地渠化,使水泥护堤隔断了河道与河岸,原有的河道、河岸系统变为独立的河道、河岸系统,导致河网水循环发生变化。同时,为了保证生产生活用水需求得到满足,平原河网区河流一般会建立大量的闸坝、引用水工程等,这进一步改变了河流的天然水循环过程。

(2)社会发展迅速,导致水环境变差。随着城市化步伐的加快,河流两岸土地开发利用程度扩大,河流的功能遭到损害,大量农业、工业、生活污水不经处理直接入河,造成河水污染,水质恶化,河流生态环境遭到破坏。河流污染使鱼虾生物基本绝迹,而代之适应污染的各类底栖微小生物类群,导致河流及其两岸的生物多样性下降,特别是一些对人类有益的或有潜在价值的物种消失。

(3)其他特征。平原河网区同时还具有一些固有的特征,比如其地势平坦,高程起伏变化小,导致河流比降小,流速小,加之人为影响导致其流通性更差。

2.4.2　基于水文情势的河流断面划分

研究区域水系见附图。研究流域范围以天门河拖市镇断面为河网起始控制点,新沟闸与汉川闸为河网出流控制点,流域内河流主要包括天门河、汉北河、汈汊湖北支、汈汊湖南支、溾水、大富水等。

为了计算各河段的生态需水,依据不同河流分叉、汇流等基本情况,在汉北流域河网内划定 9 个生态控制断面,断面划分情况及具体位置如表2-3及图2-3、图2-4所示。

表 2-3　控制断面信息

所在河段	断面编号	断面位置	河段
河段 1	No. 1	拖市镇	石门水库—拖市镇
河段 2	No. 2	黄潭镇	拖市镇—黄潭镇
河段 3	No. 3	天门水文站	黄潭镇—天门水文站
河段 4	No. 4	溾水入汉北河交汇处	溾水—溾水与汉北河交汇处
河段 5	No. 5	大富水入汉北河交汇处	大富水—大富水与汉北河交汇处
河段 6	No. 6	汉北河民乐闸	天门水文站—汉北河民乐闸
河段 7	No. 7	净潭镇	天门水文站—净潭镇
河段 8	No. 8	汈汊湖北支	净潭镇—汈汊湖北支
河段 9	No. 9	汈汊湖南支	净潭镇—汈汊湖南支

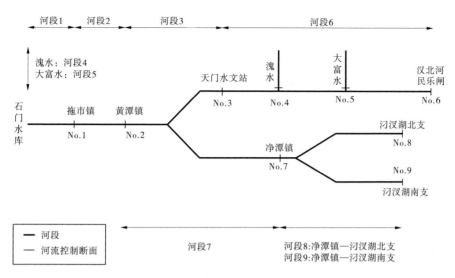

图 2-3　汉北河—天门河水系分段简化示意及断面布置示意

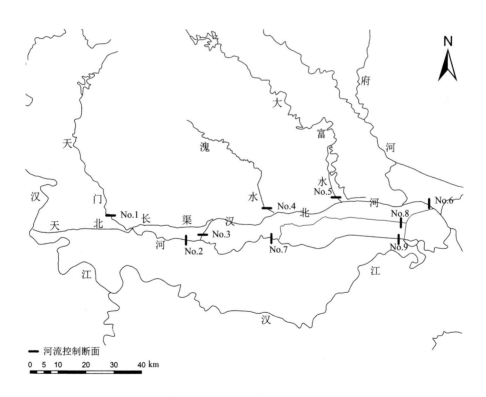

图 2-4　河流控制断面分布

第 3 章　研究区域概况与水资源现状

3.1　研究区域概况

本书以汉北流域为研究对象,研究区域左起天门河拖市镇,右至新沟闸,此区间内的河流包括天门河、汉北河两大主要河流,并包含天门河下游汈汊湖水系的汈汊湖北支、南支及由北面入流汉北的涢水、大富水等河流。

汉北流域位于湖北省中南部,是湖北省经济社会的核心区。由于人类活动的影响,区内河湖萎缩、水污染加剧、生态退化问题越来越严重,长江三峡蓄水运用和南水北调中线调水也使汉北流域供水、生态安全面临新的挑战。本区域地势平坦,居住人口较多,人为影响明显,研究难度大。

采用野外实地查勘和室内资料分析的方法对汉北流域进行了较为详细的调查,调查内容包括汉北流域的河流形态、水文气象、地貌地质、河流氢氧同位素、水质数据(包括COD_{Cr}、COD_{Mn})等。

3.1.1　自然地理概况

天门河为汉江下游北岸一级支流,河源出自大洪山山脉东南麓,京山县孙桥镇朱家冲,穿过石门水库,南流至天门市渔薪镇杨场转向东流,于天门市万家台进入分支:左分支为汉北河人工河道,右分支为天门河下段。汉北河北岸(左岸)纳入涢水、大富水等支流,干流于汉川市新河镇新沟闸注入汉江,另一支为沦河,于汉川市辛安渡分流,经东山头闸入府澴河自谌家矶出长江。天门河下段于净潭分为南支与北支,南支与汉川闸流入汉江,北支经过民乐渠汇入汉北河。天门河与汉北河流经荆门市的京山县、屈家岭区、钟祥市,天门市,孝感市的汉川市、应城市、云梦县、孝南区。

汉北流域面积约为 8 655 km²,境内地势西北高东南低,海拔 16~600 m,最高峰为北边的黄狗山,海拔 1 049 m,最低为干流下游出口河段河床,海拔 16 m。

天门河干流石门水库以上为上游,河道长 42 km,属山区型河流,流域面积 271.25 km²。石门水库至天门市万家台为中游,河道长 103 km,为山区型向平原型河流过渡段,沿河两岸间断筑有堤防,流域面积 2 031.75 km²。汉北河范围为万家台至新沟闸下河口(属人工河道),长 92.6 km,流域面积 3 996 km²,属平原型河流,两岸均筑有堤防,出口建有流域性控制工程新沟闸,设计排水流量 1 500 m³/s;另一出口支流沦河,河道长 14.34 km,出口建有控制工程东山头闸,设计排水流量 800 m³/s。

流域内水系发育,湖泊众多。长度大于 5 km 的支流计有 156 条,其中 20 km 以上的支流 20 条。主要支流自上而下分布有季河、司马河、永漋河、北港河、南港河、毛桥河、西河、东河、涢水和大富水等,其中涢水、大富水是其最大的两条支流。

　　滶水源自京山县杨集乡彭家湾,自北向南先后穿过总长约 9 km 的余家河中型水库和惠亭大型水库,东南流至天门市胡市镇水陆李入汉北河。集雨面积 798.6 km²,干流长91.8 km,坡降 1.0‰,河网密度 0.4 km/km²,流域平均海拔 123 m。

　　大富水源出大洪山东南麓,随州市三里岗镇黄狗山,东南穿过长约 8 km 的高关大型水库,横穿京山县东北部,进入应城市境内,先曲折向东,后折向南,流至天鹅镇南垸汇入汉北河。大富水集雨面积 1 698 km²,干流长 168 km,坡降 0.9‰,河流弯曲系数 1.7,河网密度 0.5 km/km²,流域平均海拔 176 m。

　　因 20 世纪 80 年代以前大量围垦,境内许多湖泊消亡,余下湖泊也大多萎缩严重,目前境内主要湖泊有西汉湖、北汉湖、张家大湖、渡桥湖、龙骨湖、沉底湖、庙洼汊、肖严湖、老观湖、龙赛湖、东西汉湖等大小 20 余座湖泊,总面积 61.9 km²。

3.1.2　地形地貌

　　汉北流域所处区域地势平坦,仅北部区域有小范围丘陵,以城市、农村及农田为主(见图 3-1)。

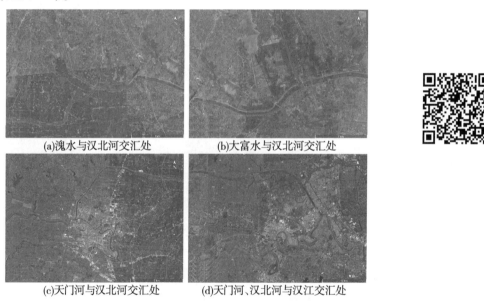

(a)滶水与汉北河交汇处　　　　　　(b)大富水与汉北河交汇处

(c)天门河与汉北河交汇处　　　　　(d)天门河、汉北河与汉江交汇处

图 3-1　汉北流域河流及周边卫星影像

　　根据现有的 30 m 网格全国 DEM 图,经 ArcGIS 软件切割得到汉北流域 DEM 地形图,如图 3-2 所示。从图 3-2 中可以看出,汉北流域主要出于海拔 1 047 m 以下,流域内地势北面较高,向南逐渐降低。对湖北省 $DEM < 50$ m 的范围进行统计,汉北流域大部分范围均在 DEM 小于 50 m 范围内(见图 3-3)。

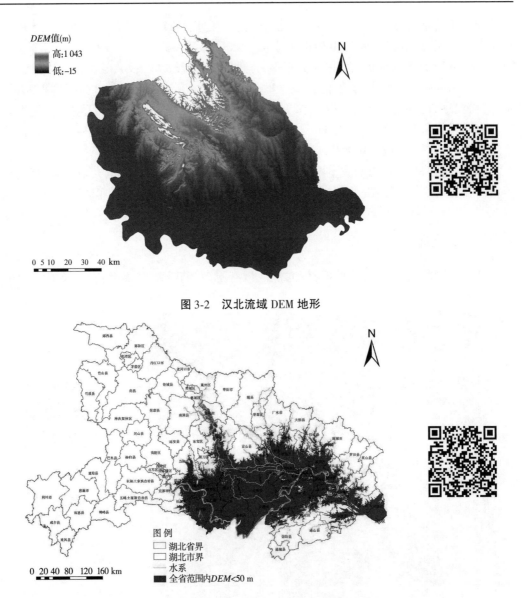

图 3-2　汉北流域 DEM 地形

图 3-3　研究区域高程及水系分布情况

3.1.3　区域地质

3.1.3.1　地形

　　研究区域地处汉江下游,江汉平原北缘,地貌特征以堆积地形为主。区内地势较平坦,总体上西北高、东南低。水系发育,湖泊、沟渠密布,汉北河贯穿全区。

　　本区第四纪以来以接受江、湖堆积为主,受新构造运动的影响,在北部、西偏北部遭受剥蚀,经过近 300 万年的塑造而形成现在的地貌景观。按地貌形态和成因类型,可将工程区分为垄岗状平原、岗波状平原、湖沼区、低平冲积平原及人工地形区等五种类型。

　　垄岗状平原位于钟祥、京山、天门、皂市、应城一线以北,因地表径流作用而呈垄岗与坳沟相间地形,地势较开阔,地表起伏较大,一般岗脊高程 40~55 m,岗谷总体走向北西向,北高南低,高程 33~45 m,相对高差 10~20 m。

岗波状平原为垄岗状平原向东南延伸并过渡的地带,地形呈波状起伏,地面高程一般为 28~55 m,地形高差 3~10 m,地形坡度一般为 3°~5°。岗波状平原主要分布在湖泊周围,地形较平坦,溪沟开阔,地势由西北向东南缓缓倾斜,构成汉北流域二级阶地,高出一级阶地 2~5 m。

人工地形区主要分布在堤防设施及人工渠两侧,按堆积土的结构、厚度、形态不同,可划分为填筑高台地带和填筑平坦地带两种类型。场区内人为因素对地貌形态的控制十分明显。

场区总体地貌特征是:西部为新近沉积的平原区,多由第四系全新统冲积地层构成,地表平坦;中部、东部为滨湖相沉积地层,北部部分地区呈片状湖沼区,区内湖泊众多,除大洪山南麓的浅丘平岗地外,其他部分为平原湖区,地表常覆盖薄层冲湖积堆积物。流域总的地势是北高南低,西高东低。长期以来,由于受汉江洪水泛滥的影响,汉江沿岸地面稍高于内地,形成南北高而中间低,自西北向东南方向敞开的准盆地。

3.1.3.2　地质

本区大地构造部位处于淮阳山字形构造前弧西翼与新华夏系第二沉降带江汉一级沉降区的复合部位。自白垩纪以来,由于受新华夏构造活动所控制,地壳运动以下降为主,沉积了上千米厚的白垩至下第三系红、灰绿色砂岩、黏土岩等岩层。

区内汉川至侏儒一带和天门以北为淮阳山字形前弧西翼,其余均属呈北东走向展布的新华夏系构造体系。前者基岩部分裸露,可断续见其构造踪迹,呈近东西向展布的背斜、向斜;后者均被第三系、第四系地层所掩盖。

本区构造相对稳定,根据国家地震局 1/400 万《中国地震动参数区划图》(GB 18306),工程区除汉川以西地震动峰值加速度为 0.05g,相应地震基本烈度为Ⅵ度外;汉川市城区及以东地区地震动峰值加速度小于 0.05g,相应地震基本烈度小于Ⅵ度。

3.1.4　土壤植被

3.1.4.1　土壤

研究区域具有中亚热带向北亚热带过渡的生物气候特点,地表组成物质主要以近代河流冲积物和湖泊淤积物为主,母质多样,形成的土壤既有地带性红壤、黄棕壤,也有非地带性潮土和水稻土,以及石灰(岩)土、紫色土等岩成土。区域内的丘陵以黄棕壤和石灰(岩)土相间分布为主,岗地主要是黄棕壤和第四纪黏土水稻土,平原多是潮土性水稻土。同时,研究区域山地、丘陵、岗地、平原自然土壤与耕作土壤相间分布,而山地和丘陵以自然土壤为主,岗地和平原以耕作土壤为主[88]。

3.1.4.2　植物

研究流域地处亚热带季风湿润区,雨量充沛,光照充足,植物种类繁多,但因人类活动的加强,盲目毁林开荒,滥砍滥伐,围垦湿地,至 20 世纪 90 年代初,汉北流域植物种类大幅度下降,植被覆盖率不断降低,使水土流失加剧,导致河湖渠系淤积,河床抬高,湖泊调蓄能力降低,河道行洪能力减弱,湖区平原洪涝灾害频发。近年来,随着社会注重生态环境问题及退耕还林、水土保持等实施,植被覆盖率不断增长。

根据林业部门的初步统计,汉北流域野生植物共 73 科、146 属、247 种,其中乡土木本植物 230 余种,引种栽培的有 31 种。主要树种有:松、柏、栎类中幼林,还有银杏科的银杏(俗称白果);木兰科的厚朴;鹅掌楸(国家二级重点珍稀濒危保护植物);樟科的香樟;椴树科的光叶糯米椴;柿树、油柿、林犀科的女贞、红果冬青;白蜡树、对节树;紫薇科的樟树等十多种野生植物均属珍贵植物。国家级珍稀树种白蜡属的对节白蜡树,为特有树种,分布于京山的丘陵和山区。

在纯湖区地表覆盖以农田植被为主,兼有林地、草地、河滩、湖滩草甸,植被多为农业栽培和防护林带,森林覆盖率较低。主要农作物有水稻、大麦、蚕豆、大豆、玉米、高粱、红薯、油菜、花生、芝麻、绿豆,品种达 380 多种。此外,还有莲藕、芡实、荸荠、慈姑等水生植物。林地以宅地四旁林、农田林网、经济果木林、堤岸防护林为主,近年来湖区大力发展杨树,在垸区和滩地有成片的杨树人工林。农田防护林带和江湖护岸林带以旱柳、枫杨、喜树、苦楝、香椿等树种为主。引进树种有水杉、池杉、落羽杉、湿地松、火炬松、杨树和桤木等。

3.1.5　气候水文

3.1.5.1　气候

研究流域属于北亚热带湿润性季风型大陆性气候,气候温暖湿润,四季分明;冬季受西伯利亚陆地寒冷气团的控制,寒冷而干燥;夏季太平洋暖湿气流的影响带来丰富的降水,同时受副热带高压的控制,易出现伏旱、高温;春季和秋季为当地的过渡季节,温和且短暂。由于此区域地形平坦,且地处南下的寒潮和北上暖湿气流的通道上,容易受到寒潮等天气现象的影响,温度变化剧烈,并且形成南北向为主的气候差异特征。

根据各站气象资料统计,研究区域多年平均气温为 15.9~16.3 ℃,高温期一般为 5~9 月,年蒸发量 1 300~1 500 mm。1 月的平均气温最低,约为 2 ℃,7 月平均气温最高,为 29 ℃,年内温差大,冬夏气温悬殊。多年平均降水量 950~1 200 mm,降水年际变化大,年内分配不均,汛期 5~9 月降水量占全年的 70% 左右,受到地势低平、河道弯曲、排水不畅的影响,极易出现洪涝灾害。年均日照时数约 2 000 h,年太阳辐射总值为 460~480 kJ/cm^2,无霜期 240~260 天,10 ℃ 以上持续期为 230~240 天,活动积温 5 100~5 300 ℃[88]。项目区各气象站气象特征统计见表 3-1。

表 3-1　项目区各气象站气象特征统计

气象要素	钟祥	京山	天门	应城	汉川
多年平均降水量(mm)	955	1 060	1 104	1 094	1 209
多年平均蒸发量(mm)	1 412	1 492	1 327	1 394	1 299
最大日降水量(mm)	251.2	296.4	259.3	213.1	312.2
相应日期(年-月-日)	1977-07-18	2007-07-13	2004-07-18	1986-07-16	1991-07-09
多年平均气温(℃)	15.6	16.1	16.3	15.9	16.1

续表 3-1

气象要素	钟祥	京山	天门	应城	汉川
极端最高气温(℃)	39.7	40.9	39.7	38.8	38.4
相应日期(年-月-日)	1961-06-22	200-07-16	2003-08-02	2003-08-02	1971-07-21
极端最低气温(℃)	−15.3	−17.3	−15.1	−15.5	−14.3
相应日期(年-月-日)	1977-01-30	1977-01-30	1977-01-30		1977-01-30
多年平均相对湿度(%)	78	75	79	79	80
多年平均日照时数(h)	1 673	1 963	1 911	1 615	1 955
多年平均风速(m/s)	3.1	1.9	2.3	2.8	2.4
历年最大风速(m/s)	18.7	16.0	17.0	21.0	20.0
相应风向	NNW	WNW	WNW		N
相应日期(年-月-日)	1979-02-21	1980-06-24	1985-08-07	1971-07-31	1983-04-15

3.1.5.2 水文

详见本书 4.3.2 小节水文站径流分析部分。

3.1.6 土地利用

汉北流域位于湖北省中部,地处江汉平原北部、汉江下游左岸,境内地势自西北向东南倾斜,成剥蚀低丘、岗状平原和河湖平原三种地貌。剥蚀低丘分布在汉北流域北部,是域内的主要林区;岗状平原分布在沿汉北河拖市以下一线以北的大部分地区,海拔 25~55 m,适宜种植水稻,但因缺水而易旱;河湖平原分布在沿汉北河拖市以下一线以南地区,海拔 28~34 m,适宜种植棉花,是闻名全国的棉花高产区。岗状平原部分和河湖平原地形平缓,土层较厚,水源充足,交通便利,气候温暖湿润,但地面均低于江、河、湖水位,且灾害在区域内发生频率较高,使土地资源的优势和价值不能得到充分的发挥与利用。

3.1.7 社会经济概况

汉北流域范围涉及荆门市的钟祥市、京山县部分,屈家岭管理区全境,天门市全境,孝感市的汉川市、应城市、云梦县、孝南区部分,流域面积 8 655 km²。据统计,2013 年汉北流域总人口 334.61 万人,其中城镇人口 153.82 万人。区内耕地面积 380.6 万亩,其中天门市、汉川市、京山县、应城市等四县(市)均为湖北省的粮食主产区,是湖北省重要的粮棉油生产基地之一。

据统计,2013 年汉北流域地区生产总值达 1 107.74 亿元,其中第一产业产值 211.24 亿元,第二产业产值 612.50 亿元(工业产值 486.18 亿元,建筑业产值 126.32 亿元),第三产业产值 284.00 亿元。

汉北流域区内水路交通较为发达,有 300 余 km 的汉江水道紧靠南部,可直通长江,与武汉、上海、南京、重庆相连;内河航运通航里程达 500 余 km;区内有汉宜公路、荷沙公路贯穿东西,李毛公路沟通南北,107 国道、318 国道、宜黄高速公路及汉丹铁路穿境而过,随岳高速公路和武荆高速公路、长荆铁路、汉渝铁路、汉宜高速铁路穿境而过。较发达的交通,为区内工农业生产发展提供了有利条件。

3.2　水资源开发利用现状及主要生态问题

3.2.1　水资源评价

3.2.1.1　降水量

研究流域多年平均降水量 1 059.6~1 216.8 mm。降水量年内分布极不均匀,夏季较多,冬季最少。5 月下旬至 9 月底降水量占全年降水量的 75%,雨量集中,强度大,日最大降水量为 312.2 mm(汉川站,1991 年 7 月 9 日)。

流域径流的年际、年内变化与降水大体同步,主要集中在汛期(4~10 月),占年径流总量的 86% 左右,枯季只占 14% 左右。以天门站、应城二站实测资料分析,天门站以上流域多年平均径流深 450 mm,应城二站以上流域多年平均径流深 345 mm。

3.2.1.2　水资源量

水资源由地表水和地下水组成。湖北省多年平均径流深 541 mm,地表水资源量 1 006.20 亿 m³,多年平均径流深 200~1 200 mm,汉北流域年径流深 345~450 mm,为全省径流低值区。汉北流域地表水资源量 34.9 亿 m³,地下水资源量 5.6 亿 m³,重复水资源量 3.9 亿 m³,多年平均水资源总量 36.6 亿 m³。流域人均水资源量 1 100 m³,低于全省人均水资源量 1 658 m³。由此可以看出,汉北流域属水资源相对较缺乏地区。

3.2.2　水资源开发利用状况

3.2.2.1　现有水利工程

汉北流域现已建成以蓄、引、提水工程开发利用地表水为主,地下水、其他水源工程为辅的水资源开发利用体系。现状各类蓄水工程 57 395 座,兴利库容总计 11.01 亿 m³,其中大型水库 3 座,兴利库容 3.97 亿 m³,中型水库 9 座,兴利库容 2.41 亿 m³,小型水库 212 座,兴利库容 2.03 亿 m³,塘堰 5.72 万口,兴利库容 2.60 亿 m³;引提水工程 44 处,总设计流量 262.7 m³/s;湖泊 15 处,总湖容 0.41 亿 m³。外流域调水工程为从汉江提水的工程,主要为汉川二站泵站和罗汉寺引水闸,设计流量分别为 120 m³/s 和 135 m³/s。

3.2.2.2　实际供用水量

1. 供水量

本次选择 2013 年作为基准年进行现状评价。

供水量指各种水源工程为用户提供的包括输水损失在内的毛供水量。汉北流域 2013 年的供水量见表 3-2。

表 3-2　汉北流域 2013 年的供水量　　　　　　（单位:亿 m³）

地级市	县级市	地表水	地下水	总供水量
荆门市	钟祥市	1.091 2	0.005 3	1.096 5
	京山县	4.450 6	0.205 1	4.655 7
天门市	天门市	9.994 4	0.350 3	10.344 7
孝感市	应城市	3.516 1	0.053 4	3.569 5
	汉川市	5.787 6	0.064 1	5.851 7
	云梦县	0.269 4	0.006 8	0.276 2
	孝南区	0.090 1	0.009 2	0.099 3
	安陆市	0.102 3	0.004 1	0.106 4
合计		25.301 7	0.698 3	26.000 0

汉北流域 2013 年供水量为 26 亿 m³,其中以地表水源供水为主,占比 97.3%,地表水源供水以蓄水工程和提水工程供水为主。其中,钟祥市、京山县、应城市、安陆市以丘陵地带为主,供水工程以蓄水工程为主,天门市、汉川市、孝南区、云梦县以平原湖区为主,供水工程以提水工程为主。

2. 用水量

用水量指分配给用户的包括输水损失在内的毛用水量。根据调查统计,并参照水资源公报,得出汉北流域 2013 年的用水量,汉北流域 2013 年的用水量见表 3-3。

表 3-3　汉北流域 2013 年的用水量　　　　　　（单位:亿 m³）

地级市	县级市	行业用水			总用水量
		工业用水	农业用水	生活用水	
荆门市	钟祥市	0.266 4	0.681 1	0.149 0	1.096 5
	京山县	1.250 8	2.942 3	0.462 6	4.655 7
天门市	天门市	1.360 1	7.985 2	0.999 4	10.344 7
孝感市	应城市	0.783 0	2.365 1	0.421 4	3.569 5
	汉川市	1.562 4	3.721 4	0.567 9	5.851 7
	云梦县	0.052 5	0.187 4	0.036 3	0.276 2
	孝南区	0.009 3	0.063 7	0.026 3	0.099 3
	安陆市	0.010 8	0.081 7	0.013 9	0.106 4
合计		5.295 3	18.027 9	2.676 8	26.000 0

2013 年总用水量为 26 亿 m³。工业用水、农业用水和生活用水,分别占 20.4%、69.3%和10.3%。汉北流域各县市中,汉川市、天门市、应城市存在地下水水质不合格问题。

3.2.2.3　现状水资源开发利用程度

供水工程供水量与水资源量的比值即为水资源开发利用率,是一个地区水资源开发利用程度的主要判别指标。依据最近 10 年实际年供用水调查资料,汉北流域水资源开发利用程度较高,当地水资源难以挖潜,水资源短缺问题需引入外流域调水解决。

3.2.3　水资源及其开发利用存在的问题

3.2.3.1　部分地区缺水严重

汉北流域内的鄂中地区即钟祥市、京山县、屈家岭区等地缺水严重。该地区属北亚热带季风气候,因地处山丘至平原过渡带,降水时空分布不均,多年平均降水量为 1 009 mm,项目区多年平均径流深 413 mm,属于湖北省水资源缺乏地区。年内降水分布不均,降水主要集中在 4~10 月,多以暴雨形式出现,4~10 月占全年降水量的83.9%,其中 5~8 月更是占到全年降水量的 57.2%。冬春季雨水少,夏秋伏旱频繁。一般少雨年份经常发生干旱,枯水年份经常造成严重甚至特大旱灾的发生。根据《湖北省抗旱规划》,屈家岭、京山和钟祥属于中度干旱的高发地区,发生的干旱主要是春夏秋旱,发生旱灾频率分别为24.4%、18.7%和23.1%,其中连季干旱的频率分别达到了 26.5%、25.7%和30.9%。

相对于我国北方地区而言,汉北流域降水径流并不算低,但汉北流域是粮食主产区,水稻种植面积相对较大,农业用水需求量大,特别是京山县和屈家岭区,是著名的"中国农谷",农业发展迅速。且该地区水资源开发利用程度较大,水利工程已修建到了极致。降水量相对于全省来说已属低值区,还有大量降水无法形成有效利用水量,致使本地区资源性缺水相对严重,而非工程性缺水。

3.2.3.2　河流水质存在不同程度的污染

经济社会的快速发展,污水排放量的大幅增加,而水污染防治力度的滞后,造成境内河流存在不同程度的污染,特别是京山县、应城市等城区附近及下游河段水质较差,严重威胁沿岸城市和乡镇供水及其他供水安全。

3.2.3.3　区域供水不平衡,区域性、季节性供需矛盾比较突出

受水资源时空分布不均,沿江及平原地带水多易涝,山区、丘陵区岗地水少易旱,洪涝干旱灾害频发。城市化进程加剧,但生产力布局与此不相匹配、供水工程调控能力不足,区域性缺水、季节性缺水矛盾比较突出,水资源支撑汉北流域经济社会可持续发展的制约因素长期存在。

3.2.3.4　城镇挤占生态环境和农业用水

随着城市化进程的加快,城市用水供需矛盾逐渐加剧,与农业和生态环境争水的现象非常严重,逐渐形成城镇用水挤占农业用水、各部门用水挤占河道生态用水的局面。水库在干旱年份为保证城镇居民生活用水,均停止了农业供水。

水资源的过度开发,挤占了下游河道的生态需水,恶化了水生态环境,致使汉北河等中小河流现状水生态问题突出。

3.2.3.5　供水水源单一,备用水源不足

　　汉北流域内城市普遍存在供水水源单一、备用水源不足的问题。如屈家岭区目前还没有备用水源,天门市、汉川市、孝南区、安陆市、云梦县等城市生活用水均取自河道,供水水源单一,河道型水源涉及范围广,丰枯变化不均,受上游影响严重,突发性事件发生概率高,供水安全难以得到保障。而有些城市的备用水源无法落实或备用水源的渠系配套工程未完善。

第4章 基于自然—社会水循环的 生态需水研究

水循环系统与河流生态系统是一个天然的平衡系统,人类的活动(如取用水、调水等)必然会影响甚至打破这个天然的平衡系统,为了减小人类活动对自然系统的破坏,在做出可能对河流产生影响的决策前需要充分了解河流系统各个要素间的相互关系。生态需水的研究不应该是孤立地去考虑维持某种生物所需要的水量,也不应该仅仅是计算几个指标的问题,而是应该建立在水循环的基础上。在充分认识河网水系内在联系、了解流域水循环原理的基础上,生态需水量的计算结果会更加准确。环境同位素技术、分布式水文模型的应用为研究水文循环提供了新的手段,利用其研究汉北流域的水循环过程,对流域水循环过程做出整体评价,可得出更为准确的生态需水量计算结果。

本章以汉北流域为研究对象,利用河水氢氧同位素技术和DTVGM分析汉北流域河流之间的相互影响及内在联系。建立该流域的水文模型,模拟流域水循环过程,分析汉北流域范围内的工农业生活用水及自然—社会水循环过程,从而计算汉北流域生态需水。

4.1 汉北流域水循环的同位素分析

能否合理利用和有效保护水资源主要取决于人类对水循环的认识水平。环境同位素所能做出贡献的方面包括地表水、地下水等较为普遍的水循环与水资源问题;其可以用来有效地示踪水循环,如指示水的来源,不同环境状况下水的运移和数量(包括江河湖泊),从而为认识水的形成、运动及其成分变化机制提供重要的依据,为合理利用宝贵的水资源奠定基础[89]。

4.1.1 环境同位素与示踪概述

同位素水文学是水文学发展到20世纪50年代产生的基于环境同位素技术研究水循环的学科分支,是运用水分子中天然存在的环境同位素进行研究水循环要素的技术手段。

自20世纪70年代以来,国外在水文学研究中已广泛使用环境同位素的方法解决越来越多的水文学课题,并在这一领域进展很快,已形成一个新的边缘学科——同位素水文学。通过研究天然水中C、H、O等同位素的丰度,探讨天然水循环过程中遇到的各种水文学问题。

同位素有良好的标记作用,大部分同位素化学性质稳定,不易沉淀与吸附,^2H、^3H、^{18}O本身就是水的组成成分,因此可以随水同步运动。同时,同位素测定精度极高,通过测定同位素组分,可以研究与追踪水的运动和水循环。根据同位素的标记特性可以分为环境同位素和人工同位素两类。环境同位素散布在天然水中,对水起着普遍的标记作用。水文学研究中最主要的环境同位素是:^3H(氚)、^{14}C(放射性)及^{18}O、^2H(氘)

(稳定同位素)。^{3}H、^{2}H 也可分别用 T 和 D 表示。表 4-1 列出了 H、O、C 有关环境同位素在自然界水循环中的丰度。天然水中有六种同位素(^{1}H、^{2}H、^{3}H、^{16}O、^{17}O、^{18}O)组成,用这六种同位素可组成 18 种 H—O—H 形式。如 H$_2^{18}$O、^{3}H$_2^{17}$O、^{1}H$_2^{17}$O、^{1}H$_2^{18}$O 等,其中分布最普遍的是 ^{1}H$_2^{16}$O,六种同位素中有五种为稳定同位素,而 ^{3}H(氚)为放射性同位素,^{3}H 和 ^{14}C 常用来确定水体年龄及水的滞留期。^{2}H 和 ^{18}O 常用来做地下水来源的指示剂和地表水体蒸发的指示剂,用来研究地表水与地下水转化关系,研究暴雨径流的机制等。有关环境同位素及其在水循环中的相对丰度如表 4-1 所示。

表 4-1　有关环境同位素及其在水循环中的相对丰度

同位素种类	相对丰度(%)	稳定性
^{1}H	99.984	稳定
^{2}H	0.016	稳定
^{3}H	0~10−15	放射性半衰期 12.3 年
^{16}O	99.76	稳定
^{17}O	0.04	稳定
^{18}O	0.20	稳定
^{14}C	<0.001	放射性半衰期 5 730 年

水中的氢和氧分别含有 H(氢)、D(氘)、T(氚)和 ^{16}O、^{17}O、^{18}O 三种同位素原子。同位素地球化学把同种元素的 2 种不同同位素原子数目比,称为同位素比值。为了便于比较,国际上规定统一采用待测样品中某元素的同位素比值与标准物质的同种元素的相应同位素比值的相对千分差作为量度,记作 δ 值,对于 D 和 ^{18}O 来说,其通用标准为标准平均海水(Standard Mean Ocean Water,简称 SMOW),有如下公式[90]:

$$\delta D = \frac{(D/H)_{样品} - (D/H)_{标准}}{(D/H)_{标准}} \times 1\ 000 \tag{4-1}$$

$$\delta^{18}O = \frac{(^{18}O/^{16}O)_{样品} - (^{18}O/^{16}O)_{标准}}{(^{18}O/^{16}O)_{标准}} \times 1\ 000 \tag{4-2}$$

δ 的单位以千分值表示,即"千分之"或"‰"。正的 δ 值意味着样品含有比标准多的重同位素,负值意味着样品含有比标准少的重同位素。对比稳定同位素 δ 值时,一般的定性表述是高或低、重或轻(重是指 δ 值相对较高)、偏正或偏负(如−10‰比−20‰偏正)、贫或富。

由于补给地表水、地下水的降水起源于海水蒸发,因此 ^{2}H 和 ^{18}O 的测试通常是根据标准平均海水的偏差来表示,通常以标准平均海水(SMOW)表示。国际原子能机构根据接近 SMOW 同位素组分的蒸馏海水提出了一个标准,称为维也纳标准平均海水(Vienna Standard Mean Ocean Water,简称 VSMOW)。在过去的 30 多年里,VSMOW 被广泛接受,并用于水中 ^{2}H 和 ^{18}O 的测试。

当 $\delta^{18}O$ 为正值时,表示样品比 VSMOW 标准富集 ^{18}O;δD 为正值时,表示样品比 VS-

MOW 标准富集 D。同理,当 $\delta^{18}O$ 为负值时,表示样品较 VSMOW 标准贫化 ^{18}O;δD 为负值时,表示样品较 VSMOW 标准贫化 D[90]。

不同水体在形成的过程中,由于处于不同的物理、化学背景条件下,它们所含的各种同位素原子数目也会发生相应的变化,同位素组成(δ 值)也随之改变。利用天然水体的不同环境的同位素组成特征去研究水源的形成、运移、混合等动态过程,揭示不同水体的补排关系和不同水文地质单元的关系,称为环境同位素示踪。

4.1.2　大气降水线概述

水在大气系统、地表水(海、湖、河)系统和地下水系统之间的运移转化过程中,水中的氢氧稳定同位素($\delta^{18}O$、δD)在每一阶段都具有不同的特征,这就为研究水文循环过程提供了可靠的信息。大气水汽和降水中稳定同位素的变化起因于水循环中相变过程的稳定同位素的分馏。这种分馏主要发生在大气中稳定同位素从自由水体向大气的输送——蒸发及大气向下垫面的输送——凝结降落等过程中。在水循环中,稳定同位素 D 和 ^{18}O 非常敏感地响应环境的变化,其变化特征也与水汽、云和降水形成的机制密切相关[91]。

降水是水循环过程中一个重要环节。降水中稳定同位素的丰度与降水形成的气象过程及水汽源区的初始状态存在密切联系,并随时间、空间而涨落[92]。大气降水中稳定同位素组成伴随着水的相态间转变而发生变化,在不同的环境条件下同位素存在平衡分馏和动力分馏,这使得降水和水汽中的同位素组成存在差异。降水中 δD 与 $\delta^{18}O$ 之间的关系称为大气降水线(Meteoric Water Line,简称 MWL),受水汽凝结温度、水汽来源和输送方式、降水的季节变化及降水期间的空气温度和湿度的影响,降水线的斜率和截距是不同的[93]。

降水中 δD 与 $\delta^{18}O$ 之间存在非常好的线性关系,这种关系称为大气降水线,MWL 的斜率反映稳定同位素 D 与 ^{18}O 间分馏效应的对比关系。截距由海洋表面水蒸发时的动力同位素效应引起,反映 D 对于平衡状态的偏离程度[94]。不同地区都有反映各自降水规律的降水线,即地区大气降水线(Local Meteoric Water Line,简称 LMWL),受大尺度海洋、大气环流及近地面气象条件影响,LMWL 是变化的,通常,在东亚季风区,LMWL 之间的差异由冬夏不同来源水汽所贡献[95]。来自海洋暖湿水汽的降水不稳定,能量高,对流性强,云下蒸发弱,LMWL 的斜率较高。而来自形成于大陆内部蒸发水汽的降水,平流性强,云下蒸发强,LMWL 的斜率较低[96]。

由于水汽在蒸发过程中存在同位素分馏,重同位素在蒸发相水汽中贫化,在液相水中富集,所以水汽向陆地运移过程中,伴随着水汽的凝结和雨滴的蒸发,因此大气降水中同位素的组成存在以下效应[93]:

(1)纬度效应:随着纬度的升高(温度降低),D~^{18}O 的同位素含量变低(轻)。

(2)高度效应:随着高度的升高,D~^{18}O 的同位素含量变低(轻)。

(3)大陆效应:从海岸向内陆方向,D~^{18}O 的同位素含量变低(轻)。

(4)季节效应:在夏季,D~^{18}O 的同位素含量高(重);而在冬季,D~^{18}O 的同位素含量低(轻)。

(5)降水量效应:降水量变大时,D~^{18}O 的同位素含量变低(轻)。

（6）大气降水线：在全球水循环蒸发、凝结过程中出现的同位素分馏，导致大气降水的 D 和 ^{18}O 组成呈线性相关变化，这一规律首先由 Graig 发现并建立：

$$\delta D = 8\delta^{18}O + 10‰ \tag{4-3}$$

该关系称为全球大气降水方程或称为克雷格方程[97]。在 δD—$\delta^{18}O$ 图形中，它是一条斜率为 8、截距为 10 的直线，即全球大气降水线（Global Meteoric Water Line，简称 GMWL），它对于研究水循环过程中稳定同位素的变化具有重要意义。大气降水线斜率与截距主要受降水降落过程中二次蒸发引起同位素动力分馏作用的影响：较小降水事件受到同位素动力分馏作用强烈影响，从而使降水线的斜率和截距偏小，而较大降水事件和固态降水受到同位素动力分馏作用偏弱，从而降水线的斜率和截距偏大[93]。式中截距 10‰为全球大气降水线的平均值，如果截距大于 10‰，则意味着降水云气形成过程中气、液两同位素分馏不平衡的程度偏大，小于 10‰表示在降水过程中存在蒸发作用的影响。

降水中的 D~^{18}O 同位素的差异必然导致土壤水、地表水及地下水的空间差异。鉴于此，D~^{18}O 的同位素被认为是具有"空间情报"的示踪剂。通过这个差异，可以判断地下水、地表水的补给来源，分析形成大气降水的水蒸气的来源。利用该技术可以分割河流流量变化曲线，区分基流和洪峰及它们的比例，这是用传统的研究方法很难解决的问题[98]。

Coplen 根据国际原子能机构全球台站降水，将年平均 δ 值加权修正为[99]：

$$\delta D = 8.2\delta^{18}O + 10.8 \tag{4-4}$$

大气降水中稳定同位素的组成主要受雨滴凝结时温度和降水水汽来源的控制，其明显表现为降水同位素组成因地理和气候因素差别而异[100]。降水同位素组成变化很大，随空间、时间而异，因此世界各地不同地区的降水方程往往偏离全球性方程。为了更确切地了解一个地区的降水规律，研究地区降水线是必不可少的[100]。

不同地区测得的大气降水线与全球大气降水线在斜率和截距上均有不同程度的偏移，这一偏移反映出各地大气降水云气形成时，水汽的来源及降水云气在运移过程中环境条件的变化，及由此所导致的气、液相同位素分馏的不平衡程度的差异[101]。在平衡条件下，D 和 ^{18}O 比率之间的线性关系为 $\delta D = 8\delta^{18}O$，$\delta D = 8\delta^{18}O = 0$ 代表了平均海洋水的稳定同位素浓度。由于 D 和 ^{18}O 具有更快的分馏速率，因此除了水体中 D 和 ^{18}O 比率的线性变化，还产生了一个差值，为了量化及比较此差值，Dansgaard 提出了氘盈余参数（d）的概念，并定义为 $d=\delta D-8\delta^{18}O$[102]。d 值实际上是一个大气降水的重要的综合环境因素指标，其主要受制于相变过程中 D 和 ^{18}O 分馏速率的相对差异，其大小与形成降水的水汽源地的温度、相对湿度和风速密切相关[103]。其值的大小相当于该地区的大气降水斜率（$\Delta\delta D/\Delta\delta^{18}O$）为 8 时的截距值。不同地区大气降水的 d 值，可以较直观地反映该地区大气降水蒸发、凝结过程的不平衡程度。

尹观将氘过量参数赋予新的内涵，突破大气降水 d 值的局限，把它延伸到其他水体领域中去，使氘过量参数成为水文地质实际应用研究中一个极为有价值的定量指标[104]。然而，大气降水补给到地下含水层后，情况就发生了变化，由于水/土壤作用，水体与含氧土壤发生同位素交换，导致地下水体的 $\delta^{18}O$ 升高。根据 d 值的定义即 $d=\delta D-8\delta^{18}O$ 可以看出，当 δD 值不变，$\delta^{18}O$ 值升高，d 值就变小。而直接与土壤发生交换的地下水，其氧同位素组成升高的程度，取决于土壤的含氧化合物的化学组分、含水层的温度和地下水在含水层内滞留时间的长短。在同一地区,同一含水层内,地下水的$\delta^{18}O$与滞留时间关系密切。滞留时间越长,水的$\delta^{18}O$值越高。根据大气降水方程的总体变化规律,在固定的大气降水区域内,无论是季节不同还是高度不同,大气降水的d值都保持相对恒定,因此在一个含水层的不同部位,不同季节补给的水都遵循这一规律,补入到含水层内的地下水的$\delta^{18}O$变化,只受地下水与土壤中的氧同位素交换时间长短的影响。也就是说,地下水的d值与水的滞留时间存在直接的相关性。基于上述分析可以看出,地下水的d值在赋予新的内涵后,将成为研究水/土壤作用、地下水动力学的一个十分重要的参数指标。同样,在研究地表径流组成的动态演化方面,该参数也必然可以发挥极其重要的作用。

研究表明,降水中d值主要受水汽来源地的水体蒸发时周围环境空气相对湿度的影响[105]。另外,降水受到强烈蒸发发生动力同位素分馏效应时,在剩余水体中由于^{18}O比D更容易富集,根据d值的定义,也将导致d值的下降[99]。因此,$d=10$为全球大气降水的平均值,已有学者确定来自海洋的水汽所形成的大陆降水的d值接近10‰[97, 102];在干旱条件下,蒸发使动力分馏系数增加,d值也会增高[106],甚至大于10‰[107, 108],$d>10$意味着降水云气形成过程中气、液两相同位素分馏不平衡的程度偏大;$d<10$除有蒸发作用的影响外,水进入土壤发生氧同位素交换,使水中富含^{18}O,导致水的d值下降。氧同位素交换程度越高,d值越低。

4.1.3　汉北流域河流同位素分析

4.1.3.1　水样采集

汉北流域地处长江流域中游、汉江下游,其河流径流来源主要有大气降水、上游来水、地下水及其他途径,并且这些补给源在不同季节的稳定同位素组成与对河水的补给比例均有所差别,最终表现为河水中δD、$\delta^{18}O$的不同变化。由于流域水系复杂,支流繁多,考虑到水样应具有一定的代表性,所以采样主要针对较大的河流及支流,采样点选在每条河流、支流的主干区域及河流交汇口的附近,并采集河口附近井水水样,同时收集降水水样进行同位素数据测定。

研究水样采集共进行了两次:第一次于2017年9月下旬进行,第二次于2018年4月下旬进行。采样点分布于汉北流域及汉江的7条河流,包括汉江、汉北河、天门河、天北干渠、溾水、大富水及府澴河。每次采样45个,主要为河水样,另有少量雨水样。图4-1为两次水样采集点分布。

4.1.3.2　水样同位素组成测定

水样的氢氧稳定同位素在武汉大学水资源与水电工程科学国家重点实验室稳定同位素分析实验室测定,采用MAT253同位素比质谱仪连接Flash EA/HT元素分析仪分别测定处理过的水样中的$\delta^{18}O$和δD,$\delta^{18}O$和δD的仪器分析精度分别为0.2‰和2‰。测定水样氧氢同位素之前,先将水样经0.22 μm滤头过滤,然后装入1.5 mL进样瓶中。所有水样测定结果以VSMOW为标准的千分差表示。

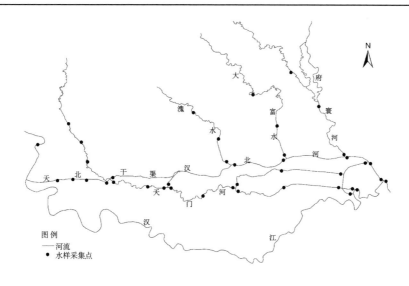

图 4-1　两次水样采集点分布

4.1.3.3　汉北流域大气降水线及河水氢氧同位素组成

1. 汉北流域大气降水线

流域内水的最终来源是大气降水,对流域内的地表水和地下水进行稳定同位素研究,必须结合对照大气降水的稳定同位素组成进行。从长期趋势看,一个地区的大气降水的氢氧同位素组成大致位于一条直线上(LMWL),它是由当地长时间序列的大气降水的氢氧同位素组成绘制到 $\delta D—\delta^{18}O$ 图上的一条直线。

由于本书研究区域涉及范围较大,且范围内没有常年的同位素观测站,长期的降水样的采集比较困难,收集到的降水样品有限,因此在分析研究区域降水同位素确定大气降水线的过程中,同时还与邻近的武汉地区的大气降水线进行了对比分析,以确保数据准确。邓志民根据 1986~2013 年降水同位素数据建立了武汉地区的大气降水线(WHMWL)方程:$\delta D = 8.29\delta^{18}O + 7.44$($R^2 = 0.93$),以此大气降水线方程与汉北流域大气降水线方程进行比较[109]。在研究中,每批采取降水样品 19 个,取样点均在汉北流域研究区域范围内。如图 4-2 所示,为 2 个批次降水的氢氧同位素值、全球大气降水线 GMWL、武汉地区的大气降水线 WHMWL 及基于降水水样氢氧同位素值拟合的汉北流域大气降水线 HBMWL,HBMWL 方程为:$\delta D = 8.44\delta^{18}O + 7.88$($R^2 = 0.99$)。由图 4-2 可见,研究区域的大气降水线与武汉大气降水线几乎完全贴合,二者斜率、截距均相差不大。

与全球大气降水线比较,汉北流域、武汉地区的大气降水线斜率与截距存在一定程度的偏移,反映出不同地区大气降水云气的形成来源的不同及降水云气在运移过程中环境条件的差异[110]。据研究,如果截距大于 10,则意味着降水云气形成过程中气、液两相同位素分馏不平衡的程度偏大;如果截距小于 10,则表明在降水过程中存在蒸发作用的影响。由此可见,汉北流域、武汉地区降水受蒸发作用的影响较为明显[111]。

2. 河水氢氧同位素组成

对所收集的河水样品进行分析后发现,2017 年 9 月河水样品同位素测定结果:δD、

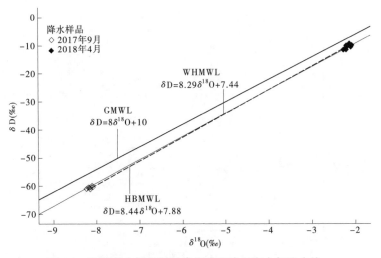

图 4-2　实测雨水氢氧同位素组成和武汉市大气降水线

δ^{18}O 分别为 $-54.92‰\sim-39.1‰$ 和 $-8.11‰\sim-5.37‰$,均值 $\delta D=-47.79‰$ 和 $\delta^{18}O=-6.66‰$,$\delta D—\delta^{18}O$ 关系点分布在汉北流域大气降水线的两侧,拟合方程为 $\delta D=6.392\ 3\delta^{18}O-5.188$,与汉北流域大气降水线 $\delta D=8.44\delta^{18}O+7.88$ 相交;2018 年 4 月河水样品同位素测定结果:δD、$\delta^{18}O$ 分别为 $-51.39‰\sim-9.96‰$ 和 $-6.71‰\sim-2.07‰$,均值 $\delta D=-29.22‰$ 和 $\delta^{18}O=-3.98‰$,$\delta D—\delta^{18}O$ 关系点多数分布于大气降水线的右侧,仅有 3 个点位于其左侧,拟合方程为 $\delta D=7.861\delta^{18}O+2.034$,与汉北流域大气降水线存在小幅度的偏移。两个批次的地表水 $\delta D—\delta^{18}O$ 值大部分在汉北流域大气降水线的右下方,表明降水在补给地表水之前经历了一定程度的蒸发浓缩,从而引起了氢氧同位素的富集[112]。2017 年 9 月、2018年 4 月地表水同位素与大气降水线如图 4-3 所示。

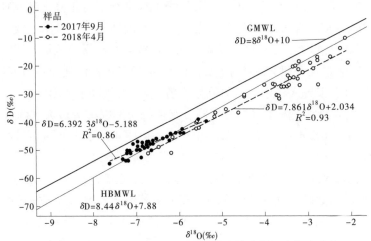

图 4-3　2017 年 9 月、2018 年 4 月地表水同位素与大气降水线

对两批河水水样同位素测定结果分析发现:

(1)不同地区的大气降水线与全球大气降水线在斜率上有不同程度的偏移,反映出

各地大气降水云气的形成来源的不同及降水云气在运移过程中环境条件的差异。在全球范围内,海洋水汽经冷凝后形成的降水中^{18}O含量关系近似于全球大气降水线,而由内陆水源再次蒸发所得到的水汽中^{18}O含量比海洋水汽高,并且由于$^{18}O/^{16}O$动力分馏作用比D/H的程度强,使得内陆水汽中^{18}O含量更加贫化。在^{18}O要比D更贫化的情况下,内陆地区大气降水线(MWL)方程的斜率($k=\delta D/\delta^{18}O$)较沿海湿润地区的要更小[110]。由图4-3可以看出,汉北流域地区的δD和$\delta^{18}O$关系点均在全球大气降水线的右下方与全球平均结果相比湖北地区雨水的环境同位素值受分馏作用影响较为明显,降水主要来源于内陆地区[113]。对比2017年9月与2018年4月水样氢氧同位素$\delta D—\delta^{18}O$关系点的分布情况,2017年9月的样品更贴合汉北流域大气降水线,可见其来源主要为当地降水,而2018年4月河流径流的其他来源的补给比例有所增加(如地下水补给)。

(2)汉北流域河流水样的δD和$\delta^{18}O$关系点均分布在大气降水线附近,偏离程度较小(尤其是2017年9月水样),这表明研究区域内河流水体的补给来源与降水组分一致,研究区河流水补给主要来自当地大气降水[114-115];对比2017年9月与2018年4月水样氢氧同位素$\delta D—\delta^{18}O$关系点的分布情况,2017年9月δD和$\delta^{18}O$关系点更接近于汉北流域大气降水线,可见此时段河水受降水的补给更加直接;2018年4月水样的δD和$\delta^{18}O$关系点几乎全部分布在大气降水线下侧,此时段流域河水补给除降水与上游来水外,地下水的径流补给成为一种重要方式,占据了河流径流的一定比例[116]。

(3)两批次河水水样同位素$\delta D/\delta^{18}O$比值拟合方程斜率均低于LMWL,而且2017年9月批次的水样尤为明显,其原因在于蒸发的动力分馏作用的影响。由于$^{18}O/^{16}O$动力分馏作用比D/H的强,当动力效应干扰时,^{18}O更易富集在液态中,降落于陆地上的水经二次甚至多次蒸发后的水汽中^{18}O的贫化程度加剧,所以由陆地自身蒸发形成的云气中水的^{18}O含量比海洋水汽中水的^{18}O含量应该偏少;再加上云气在冷凝降水过程中蒸发作用的干扰,大陆蒸发水汽形成的降水中^{18}O比D的贫化程度加剧。所以,存在于水文小循环中的陆地水经蒸发后降水,再蒸发再降水,如此反复,经过水汽长途运移降落到目的地时,目的地的降水线斜率就会越来越小。由此看出,源于内陆地区的蒸发形成的水汽转换成的降水,相对于直接由海水蒸发形成的水汽转换成的降水,前者的大气降水线斜率k值将普遍变小[110]。

(4)对比两批次河水水样同位素的值发现:河流径流中氢氧同位素含量关系线的斜率随季节变化而不同,2017年9月水样同位素的测定结果分布更接近HBMWL,拟合方程斜率为6.39,低于2018年4月的斜率(7.86);2017年9月$\delta D—\delta^{18}O$相关关系的R^2为0.86,低于2018年4月的R^2(0.93),这主要是因为与春季相比较,夏季降水过程中雨水更容易受到蒸发的影响发生同位素动力分馏效应(不平衡蒸发)[100]。2017年9月水样同位素均小于2018年4月,即雨季径流环境同位素结果较春季低,这与降水的环境同位素具有相同的变化趋势,表明径流中环境同位素受降水的影响,反映了汉北流域内不同季节受不同降水云团控制,具有明显的季节效应[113,115]。

李发东研究发现,河流径流的环境同位素存在季节变化,即4~6月最高,10月次之,7~9月最低[113]。4~6月径流以基流为主,这部分水流汇至流域出口时,经历了较长的时间,其间通过蒸发和植被耗水引起水量的变化,而最终导致环境同位素的富集。10月的径流来源主要是 7~9 月降水补给到流域的水,这部分水入渗至流域的地下水面,因此其中的环境同位素较 7~9 月的高。7~9 月径流以降水补给为主,环境同位素值最低。汉北流域河流径流同位素与以上规律一致。

4.1.3.4　降水、河流氘盈余(d 值)分布特征

1. 降水 d 值特征

水在蒸发过程中的动力分馏作用使氢和氧稳定同位素的平行分馏被破坏,降水中 δD 和 $\delta^{18}O$ 的关系出现一个差值,Dansgaard 定义它为氘盈余(d 值):$d = \delta D - 8\delta^{18}O$[102]。降水的 d 值反映的是水汽源地的蒸发情况[117]。

由于降水的水汽来源及水汽循环过程的季节变化,全球不同地区降水中 d 值也存在季节变化[117]。研究降水中 d 的变化,可以揭示不同空间、不同时间降水的水汽来源及其水循环方式的变化,以及水汽蒸发源地气候特征的变化[100]。降水中 d 值除与蒸发源区的气象条件有关外,还与降落雨滴在降落过程中的蒸发富集作用及水汽来源有关。因为温度和湿度是决定降落雨滴蒸发的主要因子,也是反映大气物理状况和不同水汽来源的基本特征值[103]。

图 4-4 为两次降水事件中 d 值的变化散点图,由于降水水汽来源、水汽来源地的蒸发状况和降水条件的复杂性,降水事件中 d 值存在一定幅度的变化。全球降水中 d 值平均为 10‰,在汉北流域降水的 d 值分别为 6.4‰~7.0‰(2017 年 9 月)、7.0‰~8.0‰(2018 年 4 月)。降水受到强烈蒸发发生动力同位素分馏效应时,在剩余水体中由于 ^{18}O 比 D 更容易富集,根据 d 值的定义,可知蒸发将导致 d 值的下降,研究区域内的河流水体 d 值均在 10‰以下,即研究区域水体受蒸发影响较为明显。同时,2017 年 9 月降水 d 值普遍小于 2018 年 4 月,符合本地不同季节蒸发的变化趋势。

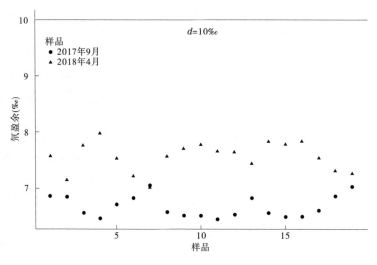

图 4-4　降水水样中的 d 值

2. 河水 d 值特征

对汉北流域降水 d 值特征进行分析后,对研究区域范围内不同河流的 d 值特征进行

分析。图 4-5、图 4-6 分别为 2017 年 9 月、2018 年 4 月汉北流域河水水样的 d 值分布,可以看出两个时间段的 d 值均分布较为散乱,且存在一定程度的波动,数据规律性不强,其原因在于汉北流域处于丘陵区和平原相间的亚热带季风性湿润气候区,且区域内河流纵横交错,水系发达且较为复杂,河水来源复杂且被干扰程度高,对 d 值有明显的影响[100]。对比图 4-4、图 4-5 可知,2018 年 4 月河水 d 值分布更加散乱,其原因在于枯水期降水较少,河流获得的补给不足,同时人类用水需求对河水的依赖性更高,河流受干扰程度更高。

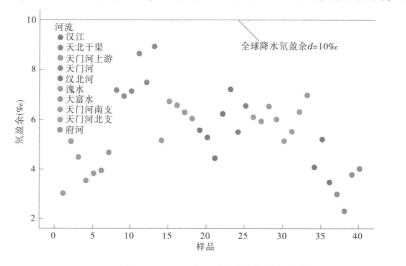

图 4-5　2017 年 9 月河流水样氘盈余

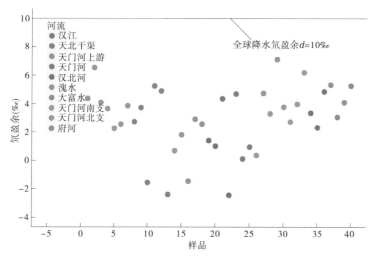

图 4-6　2018 年 4 月河流水样氘盈余

研究流域范围内高程较低,且变化范围较小,因此研究区域内河流同位素的高度效应影响可忽略。对研究区域内河流 d 值进行计算,如图 4-5、图 4-6 所示,2017 年 9 月、2018 年 4 月两批河流水样 d 值均小于 10‰,说明研究区蒸发相对较大,地表水循环容易受到蒸发的影响。2017 年 9 月上游河流 d 值较高,随着支流水源的汇入,下游水体 d 值呈减小趋势;2018 年 4 月河流 d 值总体较 2017 年 9 月低(2017 年 9 月:d 值为 3.03‰~

8.94‰,平均值为 5.87‰;2018 年 4 月:d 值为−4.56‰~7.12‰,平均值为 2.48‰),且 d 值分布比较散乱,没有明显变化趋势。2017 年 9 月至 2018 年 4 月汉北流域河流 d 值的整体变化规律是逐渐减小的,其原因在于随季节变化,流域内降水量逐渐减少,局地范围内相对湿度变小,受湿度效应的影响,流域内 d 值逐渐变小[115]。综上可知,夏季河流水源补给主要来源于降水,且受上游湖库水体蒸发形成局地水循环的影响,该区降水中的 d 值较高,春季水体蒸发作用较小,因此 d 值较小;同时,湖库水体蒸发形成的局地水循环还影响了 d 值的空间分布,表现为河流 d 值随着河水下泄及支流汇入,下游河流水体 d 值呈减小趋势。

4.1.3.5　降水、河流氢氧同位素特征

分析汉北流域降水同位素发现,不同季节 $\delta^{18}O$ 值差距较大,2017 年 9 月 $\delta^{18}O$ 值平均为−7.58‰,2018 年 4 月 $\delta^{18}O$ 值平均为−3.04‰,后者明显高于前者。这是由于在降水过程中雨水未到达地面之前易受蒸发影响,发生同位素动力分馏效应,因此降水中氢氧同位素含量通常与降水量成反比,即降水量效应[100]。受降水的补给影响,汉北流域河水同位素 $\delta^{18}O$ 值也同样表现为 2018 年 4 月大于 2017 年 9 月。

图 4-7 为 2017 年 9 月对汉北流域河水沿程取样分析的 $\delta^{18}O$ 值,图中 $\delta^{18}O$ 值存在显著的从上游到下游递增趋势。$\delta^{18}O$ 值在汉江下游位置达到最高值,汉北流域的 $\delta^{18}O$ 值与流程存在正相关关系。图 4-8 为 2018 年 4 月对汉北流域河水沿程取样分析的 $\delta^{18}O$ 值,不同于 2017 年 9 月,此时段河水 $\delta^{18}O$ 值并没有呈现出显著的从上游到下游递增的趋势。由于春季较夏季降水量较少,补给不足,地下水及其他来源的水体补给比例增加,从而导致此时段河水 $\delta^{18}O$ 值分布较为散乱,没有明显的规律性。由于 δD 值与 $\delta^{18}O$ 值变化趋势基本相同,因此不展示 δD 变化特征图。

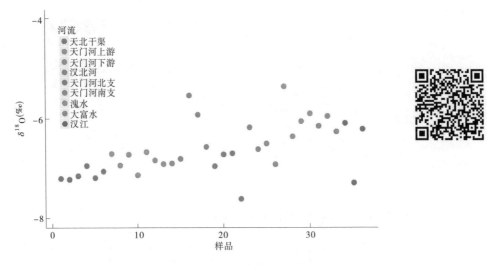

图 4-7　2017 年 9 月河水沿程 $\delta^{18}O$ 的变化特征

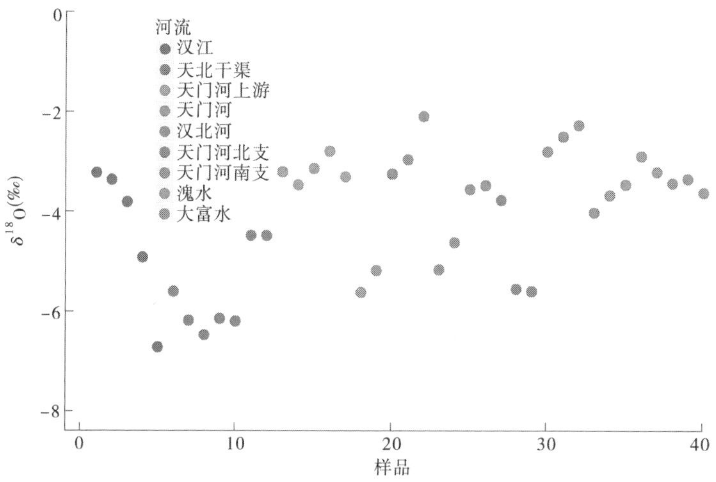

图 4-8　2018 年 4 月河水沿程 δ^{18}O 的变化特征

如图 4-9、图 4-10 所示，流域各位置的同位素变化幅度(最小值、最大值及平均值的变化幅度)总体表现为：天门河至汈汊湖水系及天门河至汉北河，同位素变化呈递减趋势，即汉北流域上游同位素变化最小，中游次之，下游变化最大(2017 年 9 月天门河上游的同位素值变化趋势稍有出入)。同位素 δ^{18}O 和 δD 平均值的变化趋势：2017 年 9 月表现为从上游到下游逐渐递增；2018 年 4 月天门河到汈汊湖北支、南支沿线呈先降低后增加的 U 形变化趋势，而天门河至汉北河沿线呈下降趋势。对以上分析发现，受人为干扰与复杂河网等因素的影响，汉北流域下游径流来源复杂，同时说明了汉北流域下游水体不流通的问题，导致更多的重同位素汇集在中下游位置。

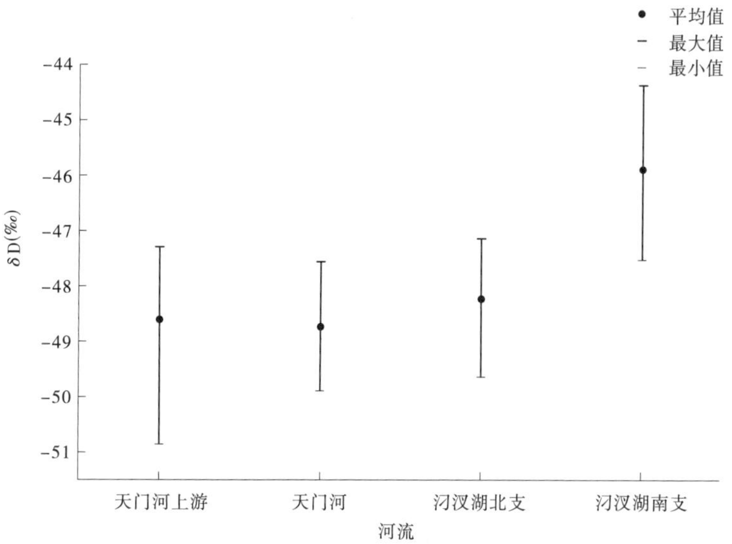

(a)天门河至汈汊湖水系 δD变化情况

图 4-9　2017 年汉北流域上下游同位素变化情况

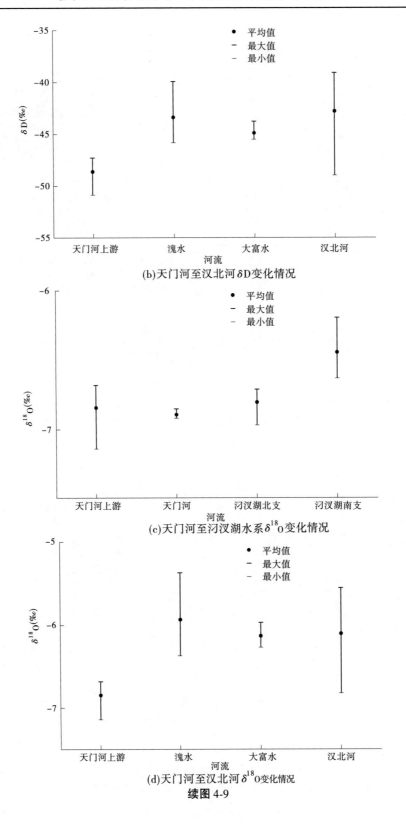

(b)天门河至汉北河δD变化情况

(c)天门河至汈汊湖水系δ^{18}O变化情况

(d)天门河至汉北河δ^{18}O变化情况

续图4-9

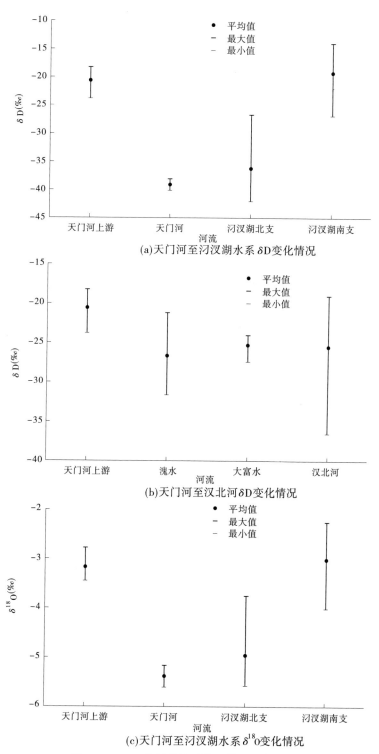

(a)天门河至汈汊湖水系 δD 变化情况

(b)天门河至汉北河 δD 变化情况

(c)天门河至汈汊湖水系 δ^{18}O 变化情况

图 4-10　2018 年汉北流域上下游同位素变化情况

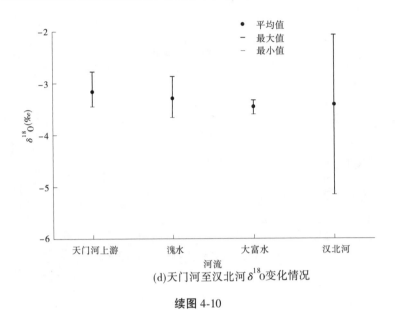

(d)天门河至汉北河 $\delta^{18}O$ 变化情况

续图 4-10

4.1.3.6　不同水体转化比率分析

自然界水循环中,不同水体之间的相互转化复杂,为了更好地利用和开发有限的水资源,往往需要了解它们之间相互的转化关系和转化量。

湖北地表水丰富,地下水多属浅水层,地下水和地表水紧密相联,二者转化频繁。在通常情况下,地下水通过降水、融雪入渗或地表水补给;同时地下水向位于地形低处的河流、湖泊排泄,是河流与湖泊水的主要来源[118]。在人类活动条件下,由于引水工程、地下水抽取及农业灌溉等改变了地下水的补给条件,使得流域地表水、地下水的转化更加复杂[100]。为了有效地利用水资源和预测水环境的变化,有必要深入研究地表水和地下水相互作用的途径、方式、水量交换及水环境的变化等。在分析汉北流域水文条件的基础上,进行降水、河水与地下水取样,然后进行室内 ^{18}O 同位素分析测定,依据质量守恒定律,确定汉北流域地区"三水"之间的相互转化关系及转化量。

通常,河流径流主要来源为降水、冰雪融水和地下水,由于汉北流域地区冰雪融水所占比例极小,因此忽略不计。汉北流域大气降水以坡面流的形式补给河水和以入渗的形式补给土壤水和地下水,入渗补给的地下水再通过侧渗补给河水,河流水体在流动的过程中受到蒸发作用的影响,再以水蒸气的形式返回大气,完成了不同水体的循环。研究区域河流水体的主要补给来源为大气降水和地下水,同位素混合比公式为[115]:

$$\delta_{样品} = X\delta_M + (1 - X)\delta_N \tag{4-5}$$

式中:X 为 M 型水和 N 型水的混合比;$\delta_{样品}$ 为混合后样品的氢氧同位素值(δD 或 $\delta^{18}O$);δ_M 为 M 型水的氢氧同位素值(δD 或 $\delta^{18}O$);δ_N 为 N 型水的氢氧同位素值(δD 或 $\delta^{18}O$)。

本书研究中,M 型水即大气降水中氢氧同位素值,两次测定的平均值分别为:$\delta^{18}O = -8.13‰$(2017 年 9 月)、$-2.17‰$(2018 年 4 月);N 型水即地下水的氢氧同位素值,两次测定的平均值分别为:$\delta^{18}O=-5.3‰$、$-4.6‰$;$\delta_{样品}$即河流水体中的氢氧同位素值$\delta_{样品}$,两次测定的平均值分别为:$\delta^{18}O=-6.40‰$(2017 年 9 月)、$-3.77‰$(2018 年 4 月),以$\delta^{18}O$为例根据式(4-5)可得:

$$X=\frac{\delta_{样品}-\delta_N}{\delta_M-\delta_N} \qquad (4-6)$$

由式(4-6)[115]可计算出 2017 年 9 月与 2018 年 4 月河流水体中大气降水分别占比 39.0%、34.1%,对两批水样的水体转化率计算结果求平均,汉北流域地区大气降水中 36.5%的降水量形成地表径流。

水体转化的过程中一个重要的环节就是水体在潜水含水层的滞留时间和更新时间,传统的方法并不能有效地解决这一问题,而利用同位素技术进行这方面的研究已基本趋于成熟。以上分析计算结果表明,汉北流域地区地下水的转化率较高,不同水体之间的交换频繁,更新能力强,这主要是由于本地区河流较多,河网密布,蓄水能力强,降水并通过一系列的转化过程最终形成地表径流和地下径流。

综上所述,汉北流域降水、河流径流存在以下规律:

(1)通过对汉北流域地区的降水中氢氧同位素分析,得出了影响该地区降水中氢氧同位素的因素主要为水汽来源和雨滴降落过程中的强烈蒸发,建立了汉北流域大气降水线方程:$\delta D=8.44\delta^{18}O+7.88$。与全球大气降水线比较,汉北流域大气降水线斜率与截距存在一定程度的向下偏移,汉北流域地区降水受蒸发作用的影响较为明显。

(2)对汉北流域地表水氢氧同位素进行分析,$\delta D—\delta^{18}O$值大部分在汉北流域大气降水线的右下方,表明降水在补给地表水之前经历了一定程度的蒸发浓缩,从而引起了氢氧同位素的富集。同时数据表明,研究区内河水的主要来源是本地降水,且具有一定的季节效应,即季节不同,河流的补给来源有所不同。丰水期地表水的补给来源主要是降水,在枯水期,流域河水的补给除降水与上游来水外,地下水补给也是一种重要方式。

(3)对流域降水氘盈余(d值)进行分析发现,汉北流域降水 d 值均在 10‰以下,水体受蒸发影响较为明显,同时 2017 年 9 月降水 d 值普遍小于 2018 年 4 月的,符合本地不同季节蒸发的变化趋势;对河水 d 值分析发现,2017 年 9 月河流水源补给主要来源于降水,且上游水库水体蒸发形成局地水循环,致使该区降水中的 d 值较高,随着河水下泄及支流汇入,下游河流水体 d 值有所减小;春季河流水体蒸发作用较小,d 值较小。

(4)汉北流域同位素变化幅度从上游到下游表现为递增趋势,体现了本流域河网受人为干扰的复杂性以及下游径流来源的复杂性,同时还说明了汉北流域下游水体不流通的问题。

(5)汉北流域降水与河水的 $\delta^{18}O$ 值具有明显的降水量效应,即氢氧同位素含量通常与降水量成反比。同时,汉北流域河流 $\delta^{18}O$ 值与流程存在正相关关系,随着各支流的汇入,河流 $\delta^{18}O$ 值呈增大趋势。

(6)汉北流域河流众多,水系错综复杂,基于质量守恒定律,通过同位素分析河流径流中降水等所占比例,计算结果显示:汉北流域河流水源主要来源于降水,不同河流存在一定的差异,溾水、大富水及汉北河河水组成中,降水所占比例明显低于其他河流,此结论反映出汉北流域水系的径流交换的多元性与复杂性。

(7)对汉北流域不同水体转化率进行计算,结果显示本区域大气降水中36.5%的降水量形成地表径流,补给河流水体,剩余的部分通过蒸发进入大气中,以及通过植物根系或土壤转化为地下水。

本部分对同位素的分析显示,汉北流域水系不仅地表部分交换较为活跃,同时在看不见的地下部分也在进行着频繁、复杂的水流交换。由于湖北省地表水丰富,地下水多属浅水层,地下水和地表水联系比较紧密,是不可分割的整体。汉北流域水资源短缺、水环境污染等问题影响地表水的同时也影响地下水,针对本流域的水文循环、生态需水研究,在考虑地表水的同时,地下水亦不能忽略。

4.2　分布式时变增益模型

分布式时变增益模型是由武汉大学夏军院士提出的将水文非线性系统理论 Volterra泛函级数与水文物理方法相结合的分布式水文模型,具有分布式水文概念性模拟特点及水文系统分析适应能力强的优点,且在国内外经受了各种不同资料的检验[119]。本模型建立在 GIS/DEM 的基础上,基于水量平衡方程和蓄泄方程建立土壤水产流模型,利用汇流演算,从而得到流域水循环要素的时空分布特征以及流域出口断面的流量过程。

DTVGM 的概念是:降水径流的系统关系是非线性的,其中重要的贡献是产流过程中土壤湿度(土壤含水量)不同所引起的产流量变化。模型分为月尺度模型、日尺度模型、时段尺度模型 3 个子模型:月尺度模型主要针对流域(尺度比较大)进行中长期水资源分析;时段尺度模型主要针对小流域或实验流域进行产汇流机制分析;日尺度模型介于二者之间。

4.2.1　DTVGM 模型结构

分布式模型根据不同的应用目的与建模思路有不同的建模结构。分布式模型将流域划分为网格或子流域(统称计算单元)进行计算,在每个计算单元上仍然可以采用集总模型的产流模式进行计算。单元计算中主要的几个水文物理过程是不可少的,包括降水、蒸散发、下渗、地表径流和地下径流,在高寒山区还必须考虑融雪问题。很多模型的产流计算是通过计算下渗,然后根据水量平衡计算各个水文要素,时变增益模型总结了水循环规律,通过优先计算地表产流来计算各个水文要素。DTVGM 模型计算流程如图 4-11 所示。

4.2.2　空间数据同化

分布式水文模型的输入要求是每个单元上的信息,遥感信息能够满足模型的计算,可遥感测得的信息精度不高。实践中,可采用的精度高的信息还是地面站测得的信息,而地面的水文站、雨量站的数量是非常有限的,就必须采取数据同化技术将有限的点的信息扩

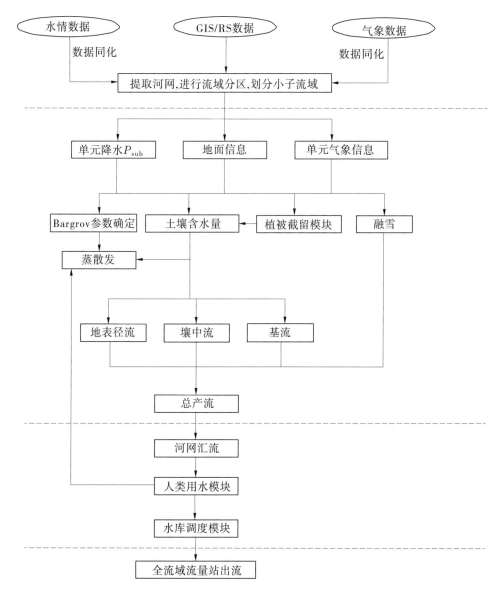

图 4-11　DTVGM 模型计算流程

展到整个流域中去。在分布式时变增益模型中主要同化的是降水与蒸发两个水文要素。

降水数据对于水文分析和设计中的众多问题都是非常关键的[120]。获取高时空分辨率且精度较高的降水场,对于识别区域降水特性很重要,且很有实际意义。随着洪水减灾、水资源利用、工农业与自然流域生态系统的协调发展等区域管理目标要求的提升,传统的黑箱模型及概念型水文模型已不能满足要求,有物理基础的分布式水文模型的建立及其应用越来越提到日程上来。为满足一定的时空分辨率及保证数值计算的稳定性,分布式水文模型一般将流域剖分为正交网格,此类模型要求大量的数据输入(参数、边界数据、初始数据等),在目前的雨量布设密度下,观测降水数据显然不能满足分布式模型数据输入的要求。

目前,两类方法常用来模拟降水的空间分布:一类是从气象学的观点出发,根据各种气象条件建立确定性的物理方程,用解析法或数值法求解方程,来模拟及预报降水的空间变化。然而,建立并应用这些模型需要大量的气象数据,例如风向和风速、空气湿度及水汽补给、空气上升速度等,这是本书研究所不能具备的;另一类方法是依据现有信息通过插值得到降水空间分布的估计,降水量资料插补中广泛应用的插值方法主要有泰森多边形法(又名最近邻插值)、距离平方反比、算术平均、克里金插值、样条插值等。

DTVGM 降水空间分布处理分别实验了如下七种方法:泰森多边形法、三角剖分线性插值法、距离倒数平方法、距离方向加权平均法、Kriging 法、修正距离倒数法、梯形距离倒数平方法。并采用交叉验证法(cross-validation)来验证插值的效果,即首先假定每一站点的降水量未知,用周围站点的值来估算,然后计算实际观测值与估算值的误差,以及用观测站点的多年平均相对误差来评判估值方法的优劣。至于误差指标则采用径流模拟中的"效率系数"和相关系数及水量平衡偏差。

4.2.3　DTVGM 模型产流模型

本书研究中,产流发生在每个水文单元(子流域或网格)上,产流模型在垂直方向上分三层:地表以上,表层土壤,深层土壤。地表以上产生地表径流,表层土壤产生壤中流,深层(中间层与潜水层)土壤主要产生基流(地下径流)。

DTVGM 产流模型是一个水量平衡模型。实际计算中通过迭代计算出蒸散发、土壤水含量、地表径流、壤中流与基流。产流模型示意如图 4-12 所示。

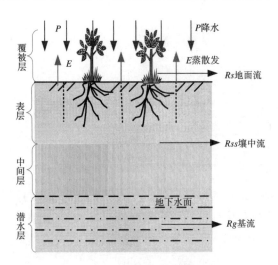

图 4-12　产流模型示意

水量平衡方程为:

$$P_i + W_i = W_{i+1} + Rs_i + E_i + Rss_i + Rg_i \qquad (4-7)$$

式中: P 为降水,mm; W 为土壤含水量,mm; E 为蒸散发,mm; Rs 为地表径流,mm; Rss 为壤中流,mm; Rg 为地下径流,mm; i 为时段数。

4.2.3.1 降水蒸散发计算模型

蒸散发分为潜在蒸散发(水面蒸散发或蒸散发能力)与实际蒸散发。

潜在蒸发的计算具有的物理机制是:依据热量平衡和湍流扩散原理,利用波文比,提出在无水汽平流输送时可能蒸发的估算式[121]。但 Penman 公式计算比较复杂,后来很多学者对 Penman 公式进行了改进,如 Penman-Monteith 公式[121-122]。潜在蒸散发经验公式法是将温度、湿度、辐射或蒸发皿资料直接与陆面的潜在蒸散建立经验关系。应用气温和太阳辐射两项来拟合潜在蒸散的经验公式比较多,其中比较有名的主要有 Makkink 公式、Jensen-Haise 公式和 Hargreaves-Samani 公式。

在水文模型中需要的是实际蒸散发,实际蒸散发的计算可以根据能量平衡得到。但计算要求的资料过多,计算过于复杂。所以,在水文模型中大都通过潜在蒸散发来计算实际蒸散发。由于建立的分布式模型的实际蒸散发由潜在蒸散发得来,所以必须先得到潜在蒸散发。通常依靠流域中的水文站或气象站能够得到一个或多个点潜在蒸散发信息,然后空间插值到整个流域中。这样计算简单,但由于流域中测潜在蒸散发的站点一般非常少,导致精度不高。很多学者尝试从气象学角度去计算潜在蒸散发[123-124],即将站点测得的气温、风速、气压等气象要素,考虑地形后插值到流域中每个单元。然后用经验公式计算每个点的潜在蒸散发。

影响实际蒸散发的因素有降水、土壤湿度、覆被、潜在蒸散发等。不同的时间尺度在实际蒸散发中主要的影响因素不一样,所以计算公式也不一样。对于月以上的时间尺度,覆被对实际蒸散发影响很大,覆被越密集的地方实际蒸散发越大,模型计算就必须充分考虑覆被影响。互补相关理论也能够成立,即随着潜在蒸散发的增大,实际蒸散发是减小的。对于日及以下的时间尺度,土壤湿度在实际蒸散发计算中就占主导因素,实际蒸发是随着潜在蒸散发的增大而增大的,蒸发互补相关理论在小时尺度上是不合理的。蒸散发互补理论之所以能够满足月以上的时间尺度而不满足小时尺度,原因在于在月以上的时间段内,如果潜在蒸散发大,说明降水少、空气湿度小、气温高、土壤湿度小,可能导致土壤完全蒸干而无水蒸发,所以实际蒸散发就小;如果潜在蒸散发很小,说明空气湿度大、气温不高、降水多、土壤湿度也大,这样实际蒸散发就大。可在小时尺度的水文模拟时,一般只考虑雨期的计算,土壤一般很少出现蒸干的情况,所以互补相关理论是不适合日以下时间尺度的模型计算。

在分布式时变增益水文模型中采用的还是实测的潜在蒸散发,计算实际蒸散发模型是改进的 Bagrov 降水蒸散发模型。

对于月尺度影响潜在蒸散发的主导因素考虑降水、土壤湿度、潜在蒸散发与覆被,采用的是 Bagrov 模型。在 Bagrov 模型中,认为降水 P、潜在蒸散发 ET_p、实际蒸散发 ET_a 之

间存在如下关系:

$$\frac{\mathrm{d}ET_a}{\mathrm{d}P} = 1 - \left(\frac{ET_a}{ET_p}\right)^N \tag{4-8}$$

式中:P 为实测降水,mm;ET_p 为潜在蒸散发,mm;ET_a 为实际蒸散发,mm;N 为反映覆被与土壤类型的参数,覆被越密集,土壤颗粒越小,N 则越大,即覆被越密集,实际蒸散发将越大。

式(4-8)在给定 N 后可以求得数值解,给出 $\frac{ET_a}{ET_p}$ 与 $\frac{P}{ET_p}$ 的关系,即

$$\frac{ET_a}{ET_p} = f\left(\frac{P}{ET_p}\right) \tag{4-9}$$

此处没有考虑土湿的影响,因此夏军院士[125]将其改进成:

$$\frac{ET_a}{ET_p} = f\left(\frac{AW}{AWC}, KET_{\mathrm{Bagrov}}\right) \tag{4-10}$$

式中:AW 为土壤含水量,mm;AWC 为饱和土壤含水量,mm。

其中,

$$KET_{\mathrm{Bagrov}} = f\left(\frac{P}{ET_p}\right) \tag{4-11}$$

在实际模型中简化计算公式为:

$$\frac{ET_a}{ET_p} = \left[(1 - KAW) \cdot KET_{\mathrm{Bagrov}} + KAW \cdot \frac{AW}{AW_M}\right] \tag{4-12}$$

式中:KAW 为权重(0~1)。

Bagrov 模型在小时与日尺度上是不合适的,因为在 Bagrov 模型中降水为 0 时,认为实际蒸发为 0,显然是不合理的,所以在计算日、小时尺度时,将 KAW 赋值 1。

在实际流域中,当土壤含水量低于田间持水量后实际蒸散发量很小,不是与蒸发成正比的,因此给定一个很小的稀疏 k,实际蒸发按照下式计算:

$$ET_a = k \cdot AW$$

在实际流域中,能够测到的土壤含水量一般是体积比或者重量比,所以在分布式时变增益模型中,给定土壤厚度 $Thick$,然后通过土壤含水率(体积比)W,计算出土壤实际含水量,即:

$$AW = Thick \cdot W \tag{4-13}$$

$$AWM = Thick \cdot WM \tag{4-14}$$

式中:AW 为土壤含水量,mm;AWM 为饱和土壤含水量,mm;$Thick$ 为土壤厚度,mm;W 为土壤含水率,m³/m³;WM 为饱和土壤含水率,m³/m³。

根据流域的实际情况,如果土层很厚(如我国的黄土高原地区),一般实际蒸散发都是由表层土产生,深层土壤中除少量的植物蒸腾外,蒸发量非常小。为了简化计算可以忽略深层土壤蒸散发,所以蒸散发模型中的土壤湿度可以只用表层土壤湿度与饱和土壤湿

度计算。

4.2.3.2　地表水产流模型

很多水文模型是通过计算下渗来计算地表产流的,分布式时变增益模型中总结了降水产流的关系后,通过时变因子优先计算地表径流,而后计算下渗量。对地表径流影响最大的因素是土壤表层的植被与表层很薄的一层土壤,所以在分布式时变增益模型中将采用下式计算地表径流:

$$Rs = g_1 \left(\frac{AW_u}{WM_u \cdot C} \right)^{g_2} \cdot P \tag{4-15}$$

式中:Rs 为子流域地表产流量,mm;AW_u 为子流域表层土壤湿度,mm;WM_u 为表层土壤饱和含水量,mm;P 为子流域雨量,mm;g_1、g_2 为时变增益因子的有关参数($0<g_1<1,1<g_2$),g_1 为土壤饱和后径流系数,g_2 为土壤水影响系数;C 为覆被影响参数。

表层土壤湿度的计算采取的仍是土壤厚度与土壤含水率的乘积形式,即:

$$AW_u = Thick_u \cdot W_u \tag{4-16}$$

$$AWM_u = Thick_u \cdot WM_u \tag{4-17}$$

当土壤厚度很小,低于理论上对产流的影响厚度时,就用实际的土壤厚度值(如我国南方的山区);当土壤厚度很大(如我国黄土高原地区)时,就用理论上对产流影响土壤厚度计算。针对不同的雨强与降水历时及不同的模拟时间尺度,该厚度是有所不同的,在实际模拟时往往是通过模型拟定得到该值。其基本的规律是时间尺度越长,影响产流的土壤厚度就越厚;雨强越大,也就越小。

对于覆被的影响现在仍然存在很多的争论,但大多数学者认为随着覆被密度的增加产流量是减小的。如密林地相对于草地,密林地植被截留能力显然要强一些,直接导致地表径流的产流起始时间晚,产流量小。大量的人工降水实验中也说明草地的地表径流产流量远远小于裸地产流量,甚至只有裸地的 1/3,但植被的存在使下渗的水量增多,对土壤水的补充较多,这样壤中流与地下径流将增大[126]。流域中的总产流量一般认为还是减小的,因为植被增加了无效蒸发。

一般按照裸地、耕地、草地、林地,覆被影响参数 C 依次增大,具体值由实验与模型拟合确定,表 4-2 为不同土地类型的 C 值。

表 4-2　不同土地类型的 C 值

土地类型	水田	旱地	有林地	灌木林	疏林地	其他林地	高覆盖度草地	中覆盖度草地	低覆盖度草地	河渠	湖泊	水库坑塘
C	1	0.7	1	1	1	1	0.8	0.8	0.8	0.1	0.1	0.1
土地类型	滩涂	滩地	城镇用地	农村居民点	其他建设用地	沙地	戈壁	盐碱地	沼泽地	裸土地	裸岩石砾地	其他
C	0.4	0.4	0.5	0.5	0.5	0.5	0.58	0.5	0.5	0.5	0.5	0.5

4.2.3.3　土壤水产流模型

降水下渗后,当土壤湿度达到田间持水量后,下渗趋于稳定。继续下渗的雨水,沿着土壤空隙流动,一部分会从坡侧土壤空隙流出,转换为地表径流,注入河槽,一般称该部分径流为表层流或壤中流。壤中流产流示意如图 4-13 所示。

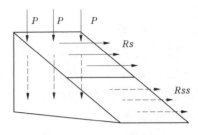

图 4-13　壤中流产流示意

在分布式时变增益水文模型中,为了简化计算,让模型可行,假设壤中流正比于土壤含水量。因此,在表层土壤含水量大于田间持水量后,可以用下式计算壤中流:

$$Rss_i = AW_u \cdot K_r \tag{4-18}$$

式中:Rss 为壤中流;AW 为表层土壤平均含水量;K_r 为土壤水出流系数;i 为计算时段。

土壤水是运动的,土壤湿度是一个过程量,在实际计算时采取的是时段起止的土湿的平均,如果时段较长,建议取多点平均。

$$AW_u = \frac{W_{ui} + W_{ui+1}}{2} \tag{4-19}$$

实际流域中每个计算单元的 K_r 是不一样的,K_r 是土壤颗粒粒径 S_R、土层的厚度 S_H、土壤间隙 S_C 及坡度 S_S 的函数,即:

$$K_r = f(S_R, S_H, S_C, S_S) \tag{4-20}$$

K_r 与 S_R、S_H、S_C、S_S 的定性关系是:土壤的粒径越大、间隙越大、土层越薄、坡度越陡,K_r 越大;反之,K_r 则越小。如果计算的流域面积不是很大,流域中土壤属性的差异不大时,为了简化计算,可以假设每个单元的 K_r 值是一致的。

4.2.3.4　地下水产流模型

地下径流是深层土壤或基岩的裂隙中蓄存的水,地下水有交换周期长、出流稳定的特点,一般是径流分割中的基流部分。由于流域地下水的分水线往往同地表水的分水线不一致,这就导致了水文模拟的难度。在分布式时变增益模型中,将土壤划分为二层,认为当水下渗到第二层(深层)后主要是补充地下水。为了能运用模型进行计算,此处进行了两个假设:①流域中地下水分水线与地表水一致,忽略外流域输入与输出;②地下径流正比于深层土壤含水量。因此,地下径流采用下式计算:

$$R_{gi} = AW_{gi} \cdot K_g \tag{4-21}$$

式中:R_g 为地下径流;AW_g 为深层土壤含水量;K_g 为地下水出流系数。

深层土壤湿度的计算采取的仍是土壤厚度与土壤含水率的乘积形式,即:

$$AW_g = Thick_g \cdot W_g \tag{4-22}$$

$$AWM_g = Thick_g \cdot WM_g \tag{4-23}$$

式中:AWM_g 为地下水饱和含水量,mm;$Thick_g$ 为深层土壤厚度,mm;WM_g 为上层土壤含水率,m^3/m^3。

由于地下水出流小且稳定,所以 K_g 是一个数量级非常小的数。在计算时,当土壤湿度大于饱和土湿度时,认为进入稳定下渗状态,下渗量等于地下水出流量。

假设①在基流所占比例很小的流域中是可以满足的,尤其在计算洪水时可以忽略外流域的水交换,但在进行枯水计算时,该假设往往不成立,需要建立复杂的地下水模型才能计算。

4.2.3.5 单元产流计算

分布式时变增益模型中采用的是水量平衡方程,通过迭代计算出各个水文要素,将蒸发、地表水产流、壤中水产流、地下水产流模型代入水量平衡方程中可得:

$$P_i + AW_i = AW_{i+1} + g_1 \left(\frac{AW_{ui}}{WM_u \cdot C_j} \right)^{g_2} P_i + AW_{ui} \cdot K_r + Ep_i \cdot K_e + W_{gi} \cdot K_g \quad (4\text{-}24)$$

考虑到上层土壤水到下层的土壤水传递较慢与模型的可实现性,此处将上层与下层分开计算,即先计算上层土壤水,再计算下层土壤水。

故式(4-24)可简化为:

$$P_i + AW_{ui} = AW_{ui+1} + g_1 \left(\frac{AW_{ui}}{WM_u \cdot C_j} \right)^{g_2} P_i + AW_{ui} \cdot K_r + Ep_i \cdot K_e \quad (4\text{-}25)$$

$$AW_u = \frac{AW_{ui} + AW_{ui+1}}{2} \quad (4\text{-}26)$$

令

$$f(AW_u) = 2AW_u - P_i - AW_{ui} + g_1 \left(\frac{AW_{ui}}{WM_u \cdot C_j} \right)^{g_2} P_i + AW_{ui} \cdot K_r + Ep_i \cdot K_e \quad (4\text{-}27)$$

$$f'(AW_u) = 2 + g_1 g_2 \left(\frac{AW_{ui}}{WM_u \cdot C_j} \right)^{g_2-1} P_i \cdot (WM_u \cdot C_j)^{-1} + K_r + Ep_i \cdot K'_e \quad (4\text{-}28)$$

则牛顿迭代公式为:

$$AW_u^{j+1} = AW_u^j - \frac{f(AW_u^j)}{f'(AW_u^j)} \quad (4\text{-}29)$$

在给定初始土壤含水量后即可迭代出每个时段的上层土壤含水量,通过含水量即可解出地表产流,计算时,当土壤湿度低于田间持水量后迭代公式应相应地变化。

计算完表层土湿后,给定表层到深层的下渗率为 $f(\text{mm/h})$,可得上层土壤渗入到下层的水量 $f \cdot \Delta t$,由此可计算深层的土壤含水量:

$$AW_{g,i+1} = AW_{g,i} + f \cdot \Delta t \quad (4\text{-}30)$$

式中:AW_g 为深层土壤含水量,mm;f 为土壤下渗率,mm/h;Δt 为计算时段长,h。

通过深层土壤湿度即可得到地下水出流。

此处需要注意的是土壤湿度边界情况的控制,当土壤湿度低于田间持水量时,没有重力水,上层对下层的下渗量是非常小的,当下层饱和后这部分下渗量将会转变为壤中流的形式产流。下渗率 f 可参考流域实验确定,由于实验只能在一个点上进行,很难完全代表整个流域的属性,实际代入模型计算的是参考实验后的模型拟合值。

4.2.3.6 总产流

子流域总产流量即为地表水产流量、土壤水产流量地下径流之和,也就是:

$$R = Rs + Rss + Rg \quad (4\text{-}31)$$

式中：R、Rs、Rss 分别为子流域总产流量、地表水产流量和土壤水产流量，mm。

4.2.4　DTVGM 汇流模型

汇流在水文模型同样重要，尤其在分布式水文模型中，汇流模型是否合理与优劣直接影响整个水文模型的模拟效果。分布式水文模型的产流是在网格或划分的子流域中进行的，比集总模型要精细得多，所以必须配备同样精细的汇流模型。现有的分布式模型常用的汇流方法是马斯京根法与运动波法，在产流单元间的汇流计算不同的模型时做了不同的简化，如将流域分层计算。这些简化很多情况下是同流域中实际汇流不一致的。

本书结合动力网络的理论，将河网建立成无尺度网络，又将网络分成坡面与河道两部分来进行汇流计算，在每个节点(产流单元)内用运动波计算，节点间通过网络连接汇流计算。本书完全模拟实际的流域汇流路径与模式进行计算，理论合理。

4.2.4.1　子流域内汇流计算

为了使汇流模型简单可行，首先假设动量方程中忽略摩阻项，认为摩阻比降 S_f 等于坡度比降 S_0；径流深度 h 采用下式计算：

$$h = \frac{A}{w} \tag{4-32}$$

式中：h 为断面平均深度，m；A 为断面面积，m^2；w 为断面平均宽度，m。

流速 v(m/s)则采用曼宁公式计算，如下：

$$v = \frac{1}{n} h^{\frac{2}{3}} S_0^{\frac{1}{2}} \tag{4-33}$$

式中：n 为曼宁糙率系数，根据流域下垫面和土地利用类型的不同选取相应的值，具体参考 Huggins 等的成果；S_0 为坡度比降。

则断面流量 Q(m^3/s)为：

$$Q = Av \tag{4-34}$$

流域中的汇流一般分成坡面汇流与河道汇流。若有实测流域的河道资料很容易区分坡面与河道，可实际中很难得到实测河道的资料。本书采用 DEM 直接提取河道，通过汇水面积的大小来判断栅格是坡面还是河道，即给一个阈值 N，大于该阈值的认为是河道，小于该阈值的认为是坡面。坡面和河道示意如图 4-14 所示。

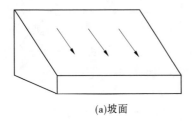
(a)坡面

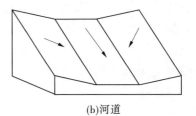
(b)河道

图 4-14　坡面和河道示意

对于坡面汇流,断面平均宽度即是网格的宽度:

$$w = \Delta x \tag{4-35}$$

式中:w 为断面平均宽度,m;Δx 为网格宽度,m。

联立式(4-26)~式(4-29)可得:

$$Q = Av = A\frac{1}{n}h^{\frac{2}{3}}S_0^{\frac{1}{2}} = A\frac{1}{n}\left(\frac{A}{\Delta x}\right)^{\frac{2}{3}}S_0^{\frac{1}{2}} = \frac{1}{n}\Delta x^{-\frac{2}{3}}S_0^{\frac{1}{2}}A^{\frac{5}{3}} = \alpha A^{\beta} \tag{4-36}$$

$$\alpha = \frac{1}{n}\Delta x^{-\frac{2}{3}}S_0^{\frac{1}{2}} \quad \beta = \frac{5}{3} \tag{4-37}$$

对于河道汇流,断面平均宽度是随水深变化的,即随着流量的增大,断面面积增大,水深增大,断面平均宽度增大,因此假设断面平均宽度与平均水深成线性关系,即:

$$w = ah \tag{4-38}$$

式中:h 为断面平均深度,m;a 为参数,由河道属性决定;w 为断面平均宽度,m。

联立式(4-26)~式(4-28)及式(4-32)可得:

$$h = \frac{A}{w} = \frac{A}{ah} \rightarrow h = \left(\frac{A}{a}\right)^{\frac{1}{2}} \tag{4-39}$$

$$Q = Av = A\frac{1}{n}h^{\frac{2}{3}}S_0^{\frac{1}{2}} = A\frac{1}{n}\left(\frac{A}{a}\right)^{\frac{1}{3}}S_0^{\frac{1}{2}} = \frac{1}{n}a^{-\frac{1}{3}}S_0^{\frac{1}{2}}A^{\frac{4}{3}} = \alpha A^{\beta} \tag{4-40}$$

$$\alpha = \frac{1}{n}a^{-\frac{1}{3}}S_0^{\frac{1}{2}} \quad \beta = \frac{4}{3} \tag{4-41}$$

河道的水流属于明槽非恒定渐变流,其连续性方程为:

$$\frac{\partial A}{\partial t} + \frac{\partial Q}{\partial x} = q \tag{4-42}$$

式中:A 为断面面积,m^2;t 为时间,s;Q 为流量,m^3/s;x 为流程,m;q 为测向入流,m^3/s。

差分解得:

$$\frac{\Delta A}{\Delta t} + \frac{\Delta Q}{\Delta x} = q \longrightarrow \Delta A\Delta x + \Delta Q\Delta t = q\Delta x\Delta t \tag{4-43}$$

在一个栅格中,侧向入流主要是净雨,则:

$$\Delta A\Delta x + \Delta Q\Delta t = R \cdot Area \tag{4-44}$$

式中:$Area$ 为节点面积;R 为流域产流量。

对于 t 时刻:

$$\Delta A = A_t - A_{t-1} \quad \Delta Q = Q_0 - Q_1 \tag{4-45}$$

式中:$Area$ 为节点面积;A 为断面面积,m^2;t 为时间,s;Q_1 为流入栅格的流量,m^3/s;Q_0 为流出栅格的流量,m^3/s。

流入栅格的流量 Q_1 等于上游汇入的网格流出流量的和,流出栅格的流量 Q_0 可由下式计算:

$$Q_0 = \alpha\left(\frac{A_t + A_{t-1}}{2}\right)^{\beta} \tag{4-46}$$

将式(4-39)、式(4-40)代入式(4-46)可得:

$$(A_t - A_{t-1}) = \left[Q_1 - \alpha \left(\frac{A_t + A_{t-1}}{2} \right)^\beta \right] \frac{\Delta t}{\Delta x} + R \frac{Area}{\Delta x} \tag{4-47}$$

令

$$f(A_t) = \left[Q_1 - \alpha \left(\frac{A_t + A_{t-1}}{2} \right)^\beta \right] \frac{\Delta t}{\Delta x} + R \frac{Area}{\Delta x} - A_t + A_{t-1} \tag{4-48}$$

$$f'(A_t) = -\frac{\alpha\beta}{2} \left(\frac{A_t + A_{t-1}}{2} \right)^{\beta-1} \frac{\Delta t}{\Delta x} - 1 \tag{4-49}$$

则牛顿迭代式为:

$$A_t^{(k)} = A_t^{(k-1)} - \frac{f\left[A_t^{(k-1)} \right]}{f'\left[A_t^{(k-1)} \right]} \tag{4-50}$$

通过迭代即可求出断面面积 A_t。代入式(4-40)可以计算出流量栅格的流出流量 Q。

4.2.4.2　河网汇流计算

利用提取河网的方法,通过 DEM 能够得到每个网格的流向、水流累积值。确定出每个栅格的流入、流出栅格。该法将整个流域建成一个有向无环图,能够保证流域中的每个栅格的水流都能够流到流域的出口。河网编号如图 4-15 所示。

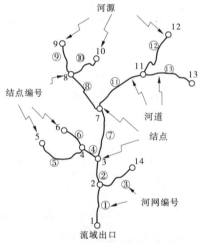

图 4-15　河网编号

取阈值为 -1 提取河网,则提取的河网包含了流域中的所有栅格。河网的编码是从流域出口到流域边界逐河段编码的,汇流计算则需从河源向流域出口逐河段计算,即按照编码从大到小计算。给出区分坡面与河道的阈值 N,该阈值需要结合网格尺度的大小与流域特性定,如在黄河流域的多沟壑区则比较小,对于平原区则比较大。将该阈值与每个网格的水流累积值进行比较,小于该阈值的用坡面汇流计算,大于该阈值的用河道汇流计算,如此即可计算出每个网格的入流与出流。一般流域中至少有流域出口的实测流量,通过实测流量来拟定模型中的参数。

4.3　汉北流域分布式时变增益模型模拟

流域径流的产生是一个极为错综复杂的连续的物理过程,由于人们对水文现象认识水平的有限及水文信息资料的不足,目前广泛应用于科研和生产中的水文模型多数是对径流的各过程进行了概化或简化,即在水文模拟与预报的研究中将径流形成概化为降水、蒸散发、产流、汇流等几个过程[127-128]。事实上,这几个过程在空间上和时程上是交错与重叠的。因此,在充分利用现代化科学手段广泛收集水文信息(包括水文物理过程监测信息)的同时,注重对水文科学方法论的研究,特别是在运用水文系统的观点和新的方法论去认识处理各种复杂性问题及不确定性问题方面的研究,已引起了国内外地球物理学家和水文科学界的普遍关注。近年来,地理信息系统(GIS)技术和遥感(RS)技术迅速发展并在水文水资源领域应用的不断扩展,为水文科学理论的完善和发展提供了有力的保障[129]。

4.3.1　模型基本资料

分布式水文模型基于地理信息数据(如DEM)、流域下垫面(地形、土壤及植被等)、水文气象(降水、蒸散发等)环境要素等数据对流域内形成的径流过程进行模拟[130]。

运用DTVGM对汉北流域多条河流流量进行降水径流模拟,流量、水位资料选取了天门站、应城(二)站、汉川闸站、汉川泵站及新沟闸站等水文站多年日数据资料;降水资料选取的是研究流域集水面积范围内的38个测站的气象资料;土地利用资料来自中国土地利用图;DEM来自于NASA官方下载,精度约30 m。

4.3.1.1　水文站网及基本资料

1. 雨量站网

本次共选用雨量站38个,其中天门河上游片选取8个雨量站,溳水片选取3个雨量站,大富水片选取5个雨量站,汉川片区、溳水与大富水周边及汉北河上游的府河区域选取22个雨量站。站网分布较为均匀,能反映流域内的雨、水情变化情况,雨量站点基本情况见附图、附表1。本次收集各站网均为国家基本站网,测验精度有保证,每年水文资料经整编、复审后,刊布使用。

2. 水文站网

在广泛收集、整理和复核水文气象资料的基础上,重点选择资料系列较长,可靠性高,代表性好的站点进行水文分析工作。

汉北河干流上游有天门(黄潭)水文站,下游有民乐闸水文站、新沟闸水位站;支流大富水设有应城(二)水文站;天门河下游有汉川闸水位站。流域内分布的水文(位)控制站,是本书研究的依据站,各站基本情况如附图、附表2所示。

1)天门(黄潭)水文站

天门(黄潭)水文站位于汉北河干流,1950年12月由长江水利委员会中游工程局设立,原名天门水文站,集水面积2 611 km²,1957年交湖北省水利厅管辖,1970年4月因天门河改道,上迁10 km至黄潭,观测至1994年,集水面积2 283 km²,水位为吴淞高程。1995年下迁至万家台以下580 m,更名为天门水文站,集水面积2 303 km²。测验项目有水位、流量、降水等,并观测至今。水位采用冻结吴淞高程系统,冻结黄差为2.094 m。本站受湖北省水文水资源局管辖。

2)民乐闸水文站

本站位于汉北河干流汉川市刘家隔镇民乐闸处,设立于1970年,集水面积6 190 km²,控制了汉北河截流面积的98%以上。水位采用冻结吴淞高程系统,冻结黄差为

1.852 m。由于受新沟闸运行影响较大,于 1987 年改为水位站。本站受湖北省水文水资源局管辖。

3) 应城(二)水文站

应城(二)水文站是汉北河支流大富水的控制站,原名黄滩站,1950 年 12 月由长江水利委员会设立,位于原应城县黄滩镇,1957 年转交湖北省水利厅,集水面积 1 544 km²,1966 年元月因大富水下游段改道上迁 12.5 km 至城关镇,改名应城(二)站,观测至今,集水面积 1 360 km²。水位采用冻结吴淞高程系统,2004 年以前冻结黄差为 1.845 m,2005 年及以后冻结吴淞高程减 1.767 m 即为 85 基面。

4) 新沟闸水位站

新沟闸水位站位于汉北河出口河段汉川市新沟镇新沟闸处,于 1971 年 5 月由湖北省孝感地区水电局设立为水位站。水位采用冻结吴淞高程系统,冻结黄差 2004 年以前为 1.852 m,2005 年及以后冻结吴淞高程减 1.925 m 即为 85 基面。该站位于民乐闸站下游,与沧河上的东山头闸站共同承担民乐闸站的下泄流量,为汉北河出流站之一,即汉北河入流汉江的出口。

5) 汉川闸水位站

汉川闸水位站位于天门河南支出口河段汉川市汉川闸处,于 1986 年 1 月由湖北省水文总站设立为水文站。水位采用黄海高程系统。该站位于天门河南支下游,为天门河出流站之一。

4.3.1.2　数字高程数据

数字高程模型 DEM 是水系自动提取的基础资料。本书采用分辨率为 30 m 的 SRTMDEM 数据,其是由美国太空总署和国防部国家测绘局联合测量。对原始 DEM 进行投影和矫正,进而得到坡度等地形数据(DEM 图见图 3-2)。

从原始 DEM 数据处理,到最后提取出该流域的河网水系,主要可以分为 DEM 数据预处理、计算各个单元网格流向、计算各个网格的汇流累积量、设置临界集水面积阈值生成河网等几个主要步骤[131]。

1. DEM 数据填注

DEM 数据在采集过程中存在的偶然误差,会导致一些凹陷区域的存在,但并非所有的凹陷区域都是由于 DEM 误差引起的,有些洼地是流域实际地形地貌的真实反映。在进行洼地填充前,需要对流域洼地深度进行计算,并结合流域实际地形特点,为洼地填充设置一个合理的阈值,并进行填注处理,从而得到比较光滑的无洼 DEM 数据,为后续河网水系提取提供前期准备[132]。

2. 栅格水流方向确定

Hydrology 模块采用了简单易用的 D8 单流向算法。在该算法中,中心栅格单元水流有 8 种可能流向,对它的 8 个邻域栅格按照 2 的整数次方进行编码,分别为 1,2,4,8,16,32,64,128,各编码对应的方向依次为正东、东南、正南、西南、正西、西北、正北、东北,通过计算中心与邻域栅格之间的坡降(也称为距离落差),并以最大坡降来确定水流方向。两栅格之间的坡度 θ_{ij} 可通过下式进行计算[132]。

$$\theta_{ij} = \arctan\left|\frac{h_i - h_j}{D}\right| \tag{4-51}$$

式中:h_i 为中心栅格单元的高程值;h_j 为相邻栅格单元的高程值;D 为 2 个栅格之间的距

离,当相邻栅格为中心栅格的4个斜角时,则 D 为2,否则 D 为1。

由于研究区域很大部分的土地面积为平原区,而 D8 方法针对平坦地区的处理效果不佳,无法判断河流流向,因此需要采用"Burn-in"方法对 DEM 进行主干河网的嵌入。"Burn-in"主干河网采用 AGREE 算法来实现对 DEM 的线性特征修正,如图 4-16 所示。其中,河流缓冲区(Stream Buffer)是设定进行线性特征平滑处理栅格周围的栅格单元数;平滑距离(Smooth drop/Raise)是线性特征下降或被栅格驱逐的栅格总量;陡降距离(Sharp Drop/Raise)是线性特征下降或被栅格驱逐的栅格附加量。本书采用软件的默认值[133]。

图 4-16　Burn-in **方法**

3. 累积汇流量计算

水流方向指水流离开每一个栅格时的指向,确定水流方向的算法大致可分为单流向算法和多流向算法,前述 D8 算法既是单流向算法的一种,也是生成水流方向矩阵最常用的算法,它是通过计算中心栅格与邻域栅格的最大距离权落差(中心格网与邻域格网的高程差)来确定的。应用 Arc/Info 水文分析库(Hydrology)下的流向确定(Flow Direction)命令,生成 8 方向水流流向,输出的方向值以 2 的幂值指定是因为存在栅格水流方向不能确定的情况,此时须将数个方向值相加,这样在后续处理中从相加结果便可以确定相加时中心栅格的邻域栅格状况[134]。累积汇流量越大,表示流经该栅格的上游栅格单元就越多,该栅格所在区域也越容易形成地表径流。栅格单元的累积汇流量计算过程如图 4-17所示,其中图 4-17(a)表示 DEM 数据,图 4-17(b)表示基于 D8 算法的栅格单元水流流向的确定,图 4-17(c)表示累积汇流量计算结果。

4. 河网生成

在前面计算得到累积汇流栅格矩阵的基础上,给定合适的集水面积阈值,通过栅格计算(Raster Calculator)得到河网的栅格形式,再进行栅格河网矢量化(Stream to Feature),得到矢量格式的河网。集水面积阈值的取值大小与流域地形特征、下垫面状况等多种因素有关[133],阈值越小,提取的河网就越密集;反之,则越稀疏。

4.3.2　水文站径流分析

由于人类活动的影响,各水文站上游多建有中、小型水库,实测径流已非天然状况,需

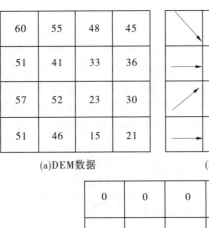
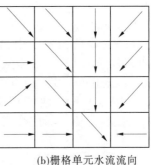

(a)DEM数据　　　　　　　　(b)栅格单元水流流向

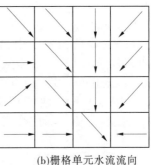

(c)栅格单元累积汇流量

图 4-17　栅格单元累积汇流量计算

对其进行径流还原计算。针对流域内人类活动对径流的影响程度及水文计算的精度要求,主要考虑各水文站以上区域内大中型水库工程的调蓄对天然径流过程的影响和河道外耗水(农业灌溉、工业及城乡生活供水等)减小的河道天然径流量。

4.3.2.1　天门站

天门站上游于 20 世纪五六十年代建成石门、大观桥和石龙水库,80 年代建成叶畈水库,各水库均为多年调节水库,各水库基本情况见附表3。利用泰森多边形法对流域范围内的降水进行处理。泰森多边形法是荷兰气候学家 Thiessen 提出的一种根据离散分布的气象站的降水量来计算平均降水量的方法,即将所有相邻气象站连成三角形,作这些三角形各边的垂直平分线,将每个三角形的三条边的垂直平分线的交点(也就是外接圆的圆心)连接起来得到一个多边形。用这个多边形内所包含的一个唯一气象站的降水强度来表示这个多边形区域内的降水强度,并称这个多边形为泰森多边形。相对于算数平均法的适用于流域内地形变化不大、雨量站分布比较均匀的情况,此法应用比较广泛,可适用于大面积及雨量站分布不均匀情况。

天门站以上面雨量采用官桥、兰家集、刘家石门、石龙过江和夏家场 5 个雨量站进行泰森多边形处理。共收集到 1960~2015 年共 56 年实测径流系列,对径流数据进行还原。根据 1960~2015 年同期降水径流实测系列,绘制天门站降水径流相关图(见图 4-18)。从图 4-18 可以看出,点据较散乱,且从时间上看,不同年代降水量与径流量相关性差别较大,基于 R^2 值可以看出,20 世纪七八十年代及 2011~2015 年的相关性较好,而 20 世纪 60 年代、90 年代及 21 世纪 10 年代效果较差。经还原计算,天门站 1960~2015 年多年平均径流深 450 mm。

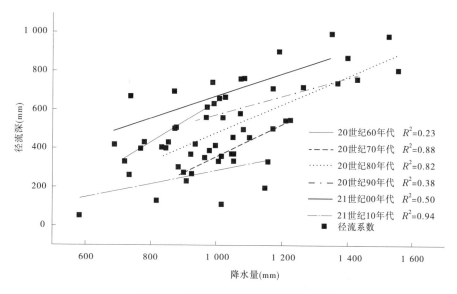

图 4-18 天门站降水与径流深关系分析

4.3.2.2 应城(二)站

应城(二)站上游建设水库基本情况如附表 4 所示。

本区域降水数据依然采用泰森多边形加权平均法进行处理,应城(二)站以上雨量采用短港、六房咀、三阳店、天王寺及新华雨量站站点数据。

本次收集到 1971~2015 年共 45 年实测径流系列,对径流数据进行还原。根据 1971~2015 年同期降水径流实测系列,绘制应城(二)站降水径流相关图,见图 4-19。相对于天门站,应城(二)站上游集雨面积的雨量与实测径流相关性更好。

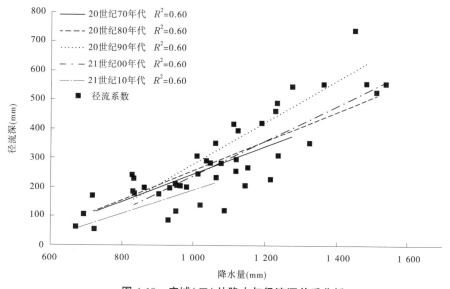

图 4-19 应城(二)站降水与径流深关系分析

经还原计算,应城(二)站 1971~2015 年多年平均径流深 345 mm。

4.3.3 水文模拟分析

本书以新沟闸以上集水区域作为研究对象,根据研究流域范围内的河流分布、汇流特点及水文站点位置,划分天门河、溾水、大富水、汉北河汈汊湖四个小流域构建模型,进行水文模拟计算,如图 4-20 所示。(受河网影响,部分区域无法单独提取,因此将汉北流域中天门、溾水、大富水流域外的区域定义为汉北河汈汊湖流域)。

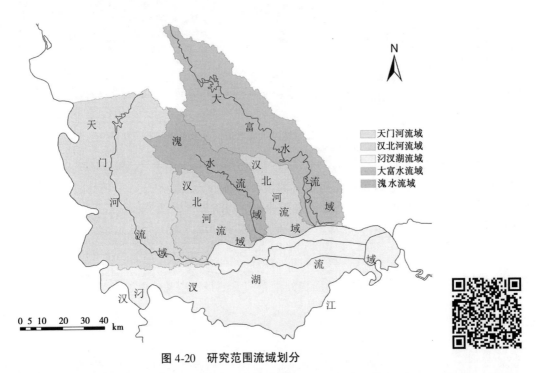

图 4-20　研究范围流域划分

通过 DEM 采用 D8 算法能够得到每个网格的流向、水流累积值,确定输入、输出栅格,将整个流域建成一个有向无环图,能够保证流域中每个栅格的水流都能流到流域出口。参考现有站点位置及控制面积对天门河流域进行子流域划分,将天门河流域、溾水流域、大富水流域、汉北河流域及汈汊湖流域分别划分为 78、35、69、49 及 120 个子流域,采用泰森多边形法将降水数据按照子流域进行插值。

由于汉北流域研究范围较大,同时部分区域缺少水文数据,因此对有长期水文数据序列的研究区域进行单独建模计算,部分无水文数据的区域采用参数移植方法。基于 4.3.1 小节部分模型基本资料中涉及的水文站、雨量站,分别对天门河流域和大富水流域构建水文模型,经率定参数移植到溾水流域、汉北河及汈汊湖流域,对以上四个流域进行水文模拟。构建模型需要收集的数据包括区域内地形、地貌、水文、气象等数据,收集到的水文资料站点见表 4-3。

表 4-3　基础数据收集情况

信息类型	详细类别	特征描述
基础地理信息	数字高程模型(DEM)	类型 30 m×30 m 分辨率(SRTM)
	河网图	比例尺 1:25 万
	境界数据库	水系边界、省界、地市界、县界
	土壤图	1 km×1 km 土壤类型图(HWSD)
	土地利用图	1 km×1 km 土地利用图
水文气象信息	雨量站	研究区域内 38 个雨量站
	水文站	研究区域内 2 个水文站
	水位站	研究区域内 3 个水位站

4.3.3.1　天门河流域水文模拟

选取天门站 1956~2015 年降水、径流资料用于模型模拟,其中 1956~1996 年数据资料用于模型率定,1997~2015 年数据资料用于模型模拟。如图 4-21 所示,可见近 60 年径流数据有小幅度上升趋势,总体趋势平稳。

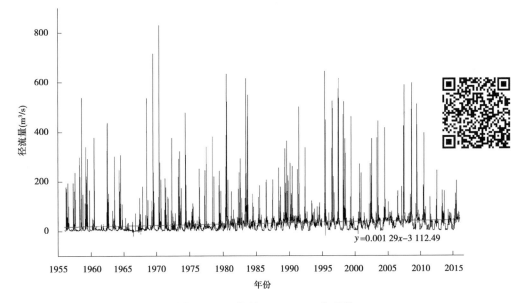

图 4-21　天门站 1956~2015 年径流

采用 SCE-UA 算法,以 Nash-Suttcliffe Efficiency Coefficient 效率系数(简称 NSE)、水量平衡系数(Water Balance Coefficient,简称 WB)以及相关系数(R^2)作为目标函数,对所构建水文模型进行率定[135]。通常来说,对于分布式水文模型一般认为当 $R^2>0.6$ 和 $NSE>0.5$ 时,模拟结果就可以接受[136]。

$$WB = \frac{\sum_{i=1}^{n} Q_{s,i}}{\sum_{i=1}^{n} Q_{o,i}} \tag{4-52}$$

$$NSE = 1 - \frac{\sum\limits_{i=1}^{n}(Q_{o,i} - Q_{s,i})^2}{\sum\limits_{i=1}^{n}(Q_{o,i} - \overline{Q_o})^2} \tag{4-53}$$

式中：Q_s、Q_o分别为模拟流量、观测流量，上划线表示相应流量的均值；n为时间序列长度。

利用天门站的历史数据继续模拟，结果显示日尺度模拟径流量率定期效率系数为0.70，水量平衡系数为0.99，相关系数R^2为0.70；检验期效率系数为0.65，水量平衡系数为0.70，相关系数R^2为0.72。日尺度模拟总体效果如图4-22、图4-23所示。

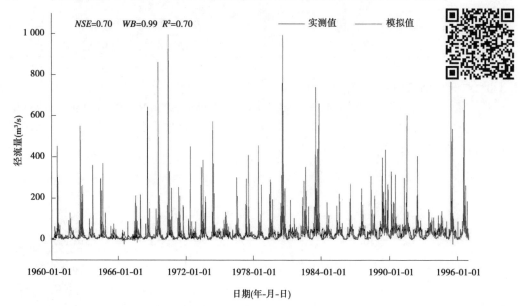

图4-22　天门站率定期日径流过程(1960~1996年)

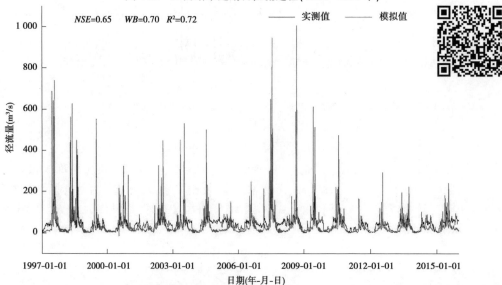

图4-23　天门站检验期日径流过程(1997~2015年)

　　模拟结果显示,月尺度模拟径流量率定期效率系数为0.68,水量平衡系数为0.99,相关系数 R^2 为0.73;检验期月径流过程效率系数为0.63,水量平衡系数为0.70,相关系数 R^2 为0.80。模拟结果如图4-24、图4-25所示。

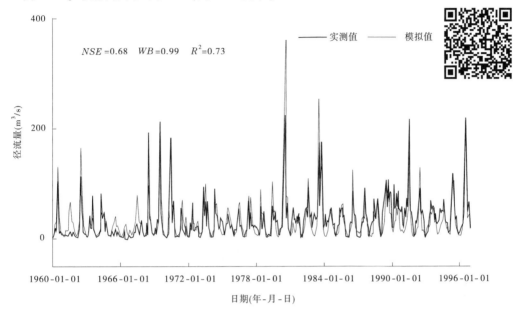

图4-24　天门站率定期月径流过程(1960~1996年)

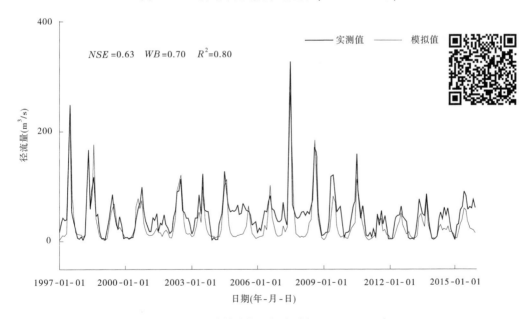

图4-25　天门站检验期月径流过程(1997~2015年)

4.3.3.2　大富水流域水文模拟

　　基于应城(二)站1971~2015年降水、径流资料进行大富水流域的水文模拟,其中1971~2000年数据资料用于模型率定,2001~2015年数据资料用于模型模拟。如图4-26

所示,可见近60年径流数据有小幅度上升趋势,总体趋势平稳。

　　利用应城(二)站的历史数据继续模拟,结果显示日尺度模拟径流量率定期效率系数为0.51,水量平衡系数为0.97,相关系数 R^2 为0.64;检验期效率系数为0.52,水量平衡系数为0.99,相关系数 R^2 为0.66。日尺度模拟总体效果如图4-27、图4-28所示。

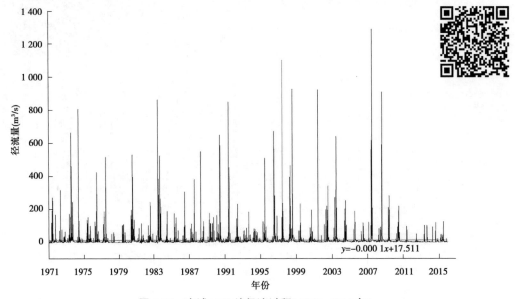

图4-26　应城(二)站径流过程(1965~2015年)

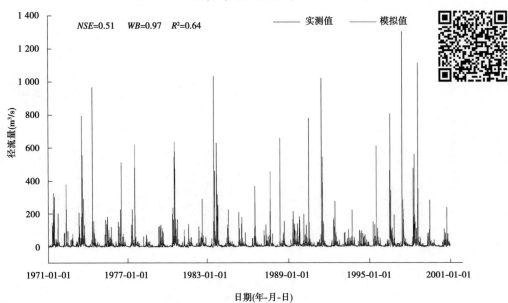

图4-27　应城(二)站率定期日径流过程(1971~2000年)

　　模拟结果显示,月尺度模拟径流量率定期效率系数为0.77,水量平衡系数为0.97,相关系数 R^2 为0.77;检验期效率系数为0.78,水量平衡系数为0.99,相关系数 R^2 为0.79。模拟结果如图4-29、图4-30所示。

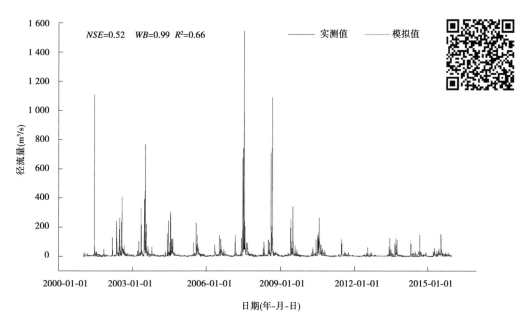

图 4-28　应城(二)站检验期日径流过程(2001~2015 年)

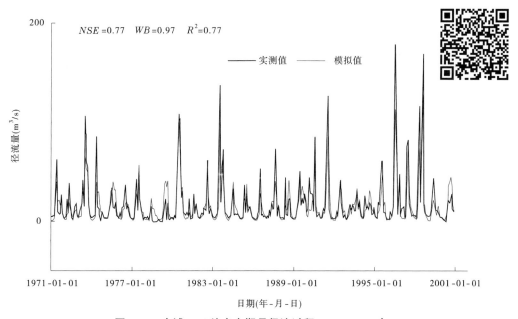

图 4-29　应城(二)站率定期月径流过程(1971~2001 年)

4.3.3.3　涢水水文模拟

涢水流域无水文资料,因此将降水数据按照子流域进行插值,将邻近的大富水流域率定的参数移植到涢水流域,结果如图 4-31、图 4-32 所示。

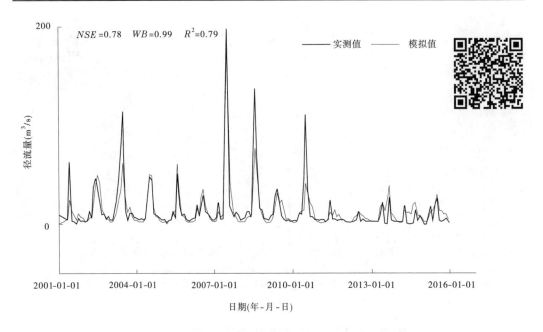

图 4-30   应城(二)站检验期月径流过程(2001~2016 年)

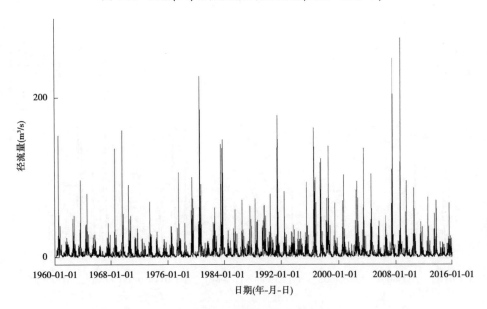

图 4-31   溾水流域日径流模拟过程

4.3.3.4   汉北河、汈汊湖流域水文模拟

本流域范围内无水文站点,操作方法与溾水相同,结果如图 4-33、图 4-34 所示。

从天门河及大富水流域率定期和检验期模拟的降水径流过程可以看出,DTVGM 模型模拟的径流过程与降水过程较为一致,能够准确模拟月径流丰枯过程,模拟径流过程与实测径流过程比较接近,水量平衡系数及效率系数均在可接受范围内。溾水流域、汉北河流

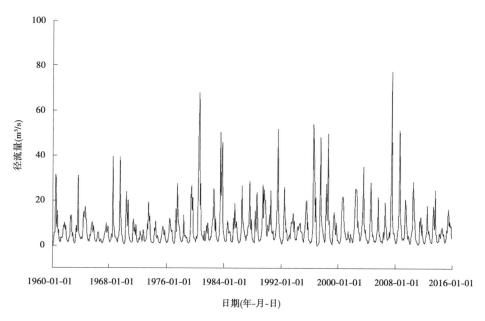

图 4-32 溾水流域月径流模拟过程

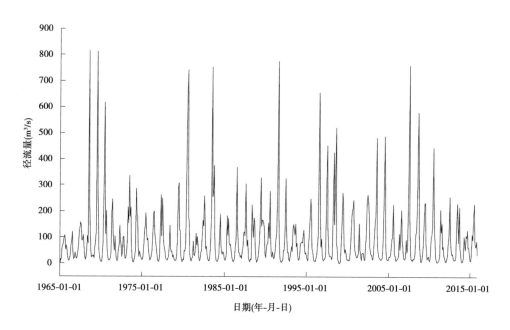

图 4-33 汉北河、汈汉湖流域日径流模拟过程

域、汈汉湖流域模拟径流过程与降水过程较为一致,反映了径流的丰枯过程,表明该区域 DTVGM 模拟较为合理。

综上,DTVGM 模型模拟结果较好,基于参数移植的径流模拟结果也较为可靠。

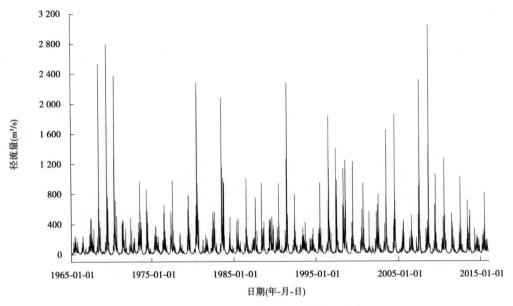

图 4-34　汉北河、汈汊湖流域月径流模拟过程

4.4　自然—社会水循环过程

在人类出现以前,水资源的流动转化完全处于自然状态,人类的出现给自然带来一系列干扰活动,这些干扰活动也给水资源、水环境带来了一些不良影响,例如水资源短缺、旱涝灾害频次增加、水环境恶化、水生态失衡等。这一连串水问题,日益对人类的正常生活和社会有序发展造成了负面影响,因而成为人类共同关心的话题。但是,无论水问题表现得多么复杂,最后都能归结为自然—社会二元水循环过程的演变,每一滴水都在水循环这个大过程下进行着发生、形成、转化,与水环境、水生态相互关联,与生命、人物、资源等具有不可割舍的联系[137-138]。

当下,流域水循环均为二元系统,由自然水循环和社会水循环组成[139]。以不同水体形态存在于自然界的水,受太阳辐射和地心引力两种作用而不停地运动,构成降水、蒸发、渗流和径流等水文现象,称为自然循环[140]。人类社会为了满足其生产、生活活动对水的需求而兴建取水、供水、排水、污水处理等设施,通过取水、供水、用水、排水、再生利用等方式构成社会水循环[141]。健康的社会水循环即指在社会水循环中,尊重水的自然运动规律,合理科学地使用水资源,不过量开采水资源,同时将使用过的废水经过再生净化,成为下游水资源的一部分使得上游地区的用水循环不影响下游地区的水体功能,水的社会循环不破坏自然水文循环的客观规律,从而维系或恢复城市乃至流域的健康水环境,实现水资源的可持续利用[142]。良性的流域水循环的基本要求是健康的自然水循环和社会水循环。流域二元水循环及良性水循环示意如图 4-35 所示。

健康的自然水循环总体来说就是水环境良好、水量充足、时空分配合理。要求包括:自然水体组分正常、功能健全、水质达标;自然水体自我调节、净化能力、抗冲击能力良好;自然水体时间、空间分配合理、对社会水循环有积极的促进作用。健康的自然水循环的具体要求如表 4-4[141] 所示。

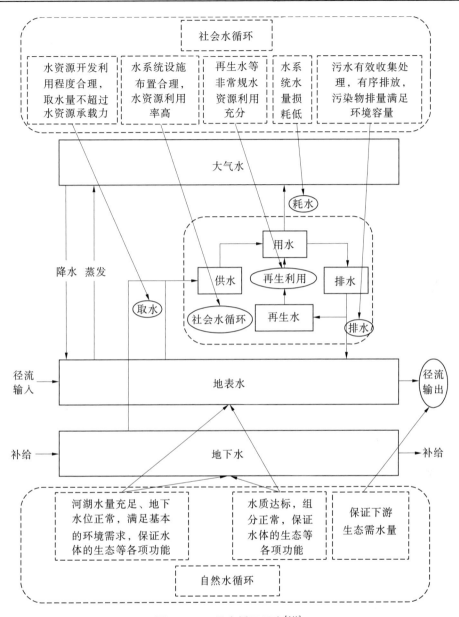

图 4-35 二元水循环示意[141]

表 4-4 健康的自然水循环的具体要求

项目	具体要求
水量	河湖水量充足、地下水位正常,满足基本的环境需求,保证水体的生态等各项功能
水质	水质达标,组分正常,保证水体的生态等各项功能
地表径流输出	保证下游生态需水量
地下水侧向补给	补给方向正常

高效的社会水循环总体来说就是水资源的可持续利用。要求包括水资源开发利用程度合理;流域水系统设施布局合理、利用充分;水资源利用效率高、系统损耗低;污水收集、处理系统运行有效,再生利用充分;水循环过程完整、功能健全;系统清洁,对自然水循环有积极的促进作用。具体要求如表 4-5[141] 所示。

表 4-5　高效的社会水循环的具体要求

项目	具体要求
取水	水资源开发利用程度合理,取水量不超过水资源承载力
流域水系统	水系统设施布置合理,水资源利用效率高
耗水	水系统水量损耗低
排水	污水有效收集处理,有序排放,污染物排放量满足环境容量
再生利用	再生水等非常规水源利用充分

满足上述条件的水循环为良性水循环,健康的自然水循环和高效的社会水循环的良好匹配,是发挥水的自然、经济、社会功能的保证。

4.4.1　自然水循环

水循环包括自然水循环和社会水循环。早期,人类活动对水资源的影响很弱,流域水循环主要是指降水、蒸发、径流、水汽输送等自然现象,具体表现为大气水、地表水、土壤水、地下水等不同形态。各形态的水量保持相对稳定,不会发生较大的变动,时刻处于动态平衡之中,这就是自然水循环。

流域自然水循环的要素一直处于四种形态,所有的水因子都在这四种状态间发生、消长、变化,根据外在环境的变化,在此四种状态间进行不中断的循环,主要的运动过程有水汽输送、降水、蒸发、径流、入渗等。自然水循环的各项因子在不同状态间此消彼长,但其总量和多年平均值是保持相对稳定的,一般不会随外界因素的改变而发生较大变化,这就是自然水循环的平衡[139]。

4.4.2　社会水循环

随着人类活动的加强,人类已不满足简单的用水需求方式,在劳动过程中积累了更多的取用水经验,包括修建水库蓄水、开挖水渠、利用水泵提水等来满足自身日益增长的需求,原来单一的自然水循环状态被打破,最明显的是反映在自然水资源通量的改变上。地表水资源量锐减、江河湖泊径流萎缩、地下水位下降等现象,表明自然水循环的通量日益减少,而水工建筑物、生活用水、污水排放量的增多,表明社会水循环通量越来越大,这种人类为满足自身需求而人工干预的水循环则称为社会水循环。社会水循环系统包含取水系统、供水系统、用水系统、排水系统、回用系统。

4.4.2.1　取水系统

取水系统是自然水循环与社会水循环的分离点,主要包括地表水取水系统、地下水取水系统等,是人类社会利用水资源的起点,地表水通过蓄、引、提、调等,地下水通过水泵抽取等,进入供水系统。取水系统的水源地一般为最邻近的江河湖泊或地下水源,但随着人类的用水量日益增加且得不到满足,导致人类将目光投向更远处的水资源,从而出现了大规模远距离调水等一系列取水工程,同时多方面开源,例如加大雨水收集、污水回用、海水淡化等非常规水源的开发利用力度,来满足经济社会的用水需求。

4.4.2.2　供水系统

供水系统是社会水循环的关键环节,主要由水厂与输配水管网组成。首先需要从地表水源或地下水源地进行取水,然后通过输水管道,一般送至最近的水厂进行一系列水质处理流程,直至水质达到相应标准后,再经配水管网送到不同的用水户,此过程中可能需要二次加压。目前,水厂多为地表水厂、地下水厂,但水资源短缺促使更多的水源得到利用,包括雨污水收集、海水淡化等,因此也新建了各种相应的水厂。

4.4.2.3　用水系统

用水系统是社会水循环的目的所在,根据不同的用水户,用水系统又可划分为不同的子系统,包括生活用水系统、生产用水系统及生态用水系统,各子系统对水质的要求不同,因而也需要通过不同的配水管网进行输送。对水质要求最高的是生活用水,其次是生产用水,最后是生态用水。农业用水对水质要求最低,可直接从最近的水源取水,一般无须经过水厂处理。

4.4.2.4　排水系统

排水系统是对排放的废污水的回收、处理、再利用的过程。经不同用水户使用过的废水,均受到不同程度的污染,理化性质发生改变,此时需经排水管网进行回收、处理,直到达到相应的排水标准。根据水质的处理程度,一部分水质标准较高的可用于地下水回灌、生态景观用水等,另一部分直接排入河道,回归自然水循环当中。

4.4.2.5　回用系统

回用系统是水循环的纽带,一部分处理达标的污水,重新作为水源供给回到用水系统,将整个水循环系统重新连接在一起。社会水循环的通量日益增加,导致污水排放规模也越来越大,因此需加大污水的处理力度,防止未经处理的污水直接排入河道,同时,要更加重视污水的再生回用,有效增加水源,缓解水资源短缺局面。

社会水循环系统概化如图 4-36 所示。

4.4.3　自然水循环与社会水循环综合分析

4.4.3.1　自然水循环与社会水循环的关系

水资源的自然循环是一个完整的环状结构,社会水循环只是自然水循环的径流环节中的一个分支,社会水循环必须依附于自然水循环才能形成一个闭合的循环状态。

水资源的自然循环在地表的运动过程包括下渗、地表径流和地下径流等环节,使水中的物质能达到一个比较好的迁移转化过程,使水质维持在一个比较好的水平;社会水循环则改变了水资源的自然循环状态,虽然采取一定的补救措施(如建立污水厂)可以改善水质,但是污水负荷增加,会缩短水体的自净过程,使水的自净能力降低,加剧了水污染。

水资源的自然循环的驱动力为太阳能及地心引力,经过几亿年的发展,自然界形成一个完整和谐的系统;但是水资源社会循环的驱动力为人为计划等因素。尤其是近些年,随着经济的发展和科技的进步,当本地水资源不足时,人们会运用新的技术手段加大开采地

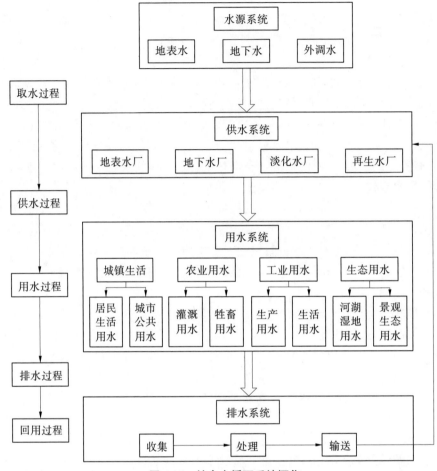

图 4-36　社会水循环系统概化

下水、跨流域调水、建立储水设施等办法来增加本地的可用水资源量,但是人们通过这些工程措施来改变水资源自然循环现状时,往往没有考虑或者遗漏部分相关因素,从而导致环境问题的产生。

社会水循环是自然水循环的分支,不可能脱离自然水循环而单独存在。因此,当自然水循环过程出现问题时,会直接影响社会水循环的运行。例如,现在出现的很多水质型缺水城市则是自然水循环出现问题而导致的结果[143]。

在人类历史发展进程中,社会水循环数量越来越大,影响越来越广泛,渗透到各行各业及人类日常生活中,且逐渐占主导作用。图 4-37、图 4-38 为 1997~2016 年全国水资源总量与用水量变化,分别代表自然水循环通量和社会水循环通量。由图 4-37 可以看出,近 20 年来全国水资源总量总体呈现出小幅度递减的趋势,表明水资源总量在减少,自然水循环通量在减少;由图 4-38 可以看出,近 20 年来全国用水量基本呈现逐年增长的态势,社会水循环通量在增加。自然水循环通量的减少与社会水循环通量的大幅度增加产生了一个较大的用水矛盾,随着时间的推进,矛盾会持续加大。

汉北平原位于湖北省中南部,物产丰富,是我国主要商品粮基地之一,同时本区域拥

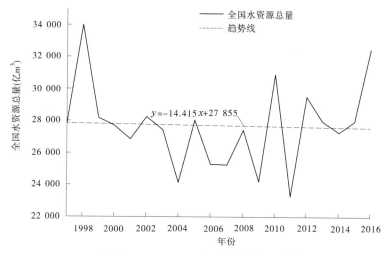

图 4-37　1997~2016 年全国水资源总量变化

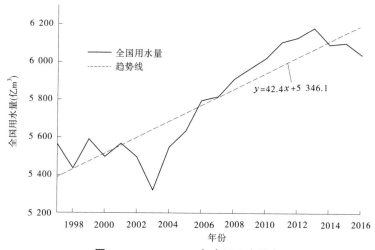

图 4-38　1997~2016 年全国用水量变化

有门类齐全的工业体系,是我国主要制造业基地和老工业基地之一。农业灌溉用水、工业用水是本区域主要用水组成部分,1999~2016 年,农业灌溉用水占总用水量的 53.6%,工业用水占总用水量的 33%。随着社会经济的迅速发展,社会水循环用水量增长较快,同时也引发水资源短缺、水质污染等问题。根据湖北省水资源公报数据,近年来湖北省水资源总量呈下降趋势(2016 年湖北多地降水百年一遇,情况特殊,存在统计偏差,不考虑 2016 年水资源量的情况下,湖北省水资源量呈下降趋势)(见图 4-39),同时地下水总量也呈下降趋势(见图 4-40),而省内用水量却呈大幅度上升趋势,水资源形势严峻(见图 4-41)。

4.4.3.2　自然—社会水循环需水分析

1.居民生活用水需水分析

生活用水主要包括城镇、农村居民生活及公共服务等方面的用水,生活用水需水的计算通常采用人口定额法、时间序列法、灰色模型法等,本书采用人口定额法,需水量计算公

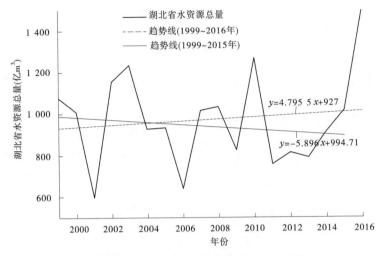

图 4-39　1999~2016 年湖北省水资源总量

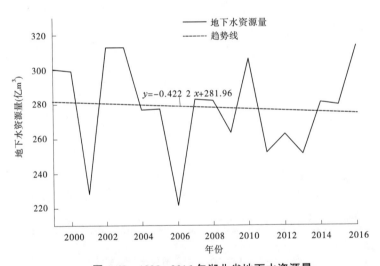

图 4-40　1999~2016 年湖北省地下水资源量

式如下：

$$Q_P = PW_P \tag{4-54}$$

式中：Q_P 为居民生活用水量；P 为居民人口数量；W_P 为居民用水水平。

居民人口主要参考规划、年鉴等数据，生活用水水平根据不同情景选取不同的数值进行计算。

2. 工业用水需水分析

工业用水指工业生产过程中使用的生产用水及厂区内职工生活用水的总称。工业用水预测常用的方法有增长率法、万元增加值指标法、重复使用率提高法等[144]，本书采用万元增加值指标法。万元增加值指标法需水量计算公式为：

$$Q_I = EW_I \tag{4-55}$$

式中：Q_I 为工业用水量；E 为工业产值；W_I 为单位工业产值用水量。

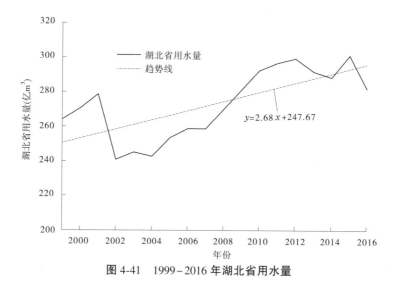

图 4-41　1999~2016 年湖北省用水量

工业产值主要参考规划、年鉴等数据,单位工业产值用水量根据不同情景选取不同的数值进行计算。

3. 农业用水需水分析

农业用水指用于农田灌溉和农村牲畜的水,其用水量通常根据作物、耕地面积等计算。

$$Q_A = AW_A \tag{4-56}$$

式中:Q_A 为农业用水量;A 为耕地面积;W_A 为单位耕地面积用水量。

单位耕地面积用水量根据不同情景选取不同的数值进行计算。

4. 生态用水需水分析

生态需水,目前还没有一个确切的定义,广义上来说是指维持全球生物地理生态系统水分平衡所需用的水,包括水热平衡、水沙平衡、水盐平衡等,都是生态环境用水;狭义上讲是指为维护生态环境不再恶化并逐渐改善所需要消耗的水资源总量。本书中指的是流域范围内的河湖满足需要等方面的用水。生态需水计算公式如下:

$$Q_E = Q_e + Q_l + Q_b + Q_d \tag{4-57}$$

式中:Q_E 为生态需水量;Q_e 为水面蒸发量;Q_l 为河湖渗漏量;Q_b 为河道基流量;Q_d 为稀释污染物用水量。

4.4.4　相关参数取值分析

采用理论与实践相结合的方法,确定生活用水与工业用水的计算参数取值,科学确定居民生活用水定额与工业生产用水水平。

4.4.4.1　居民生活用水量

居民生活用水量包括家庭用水和城市公共服务两部分用水,其计算公式如下:

$$W_{pH} = W_{pf} + W_{pp} \tag{4-58}$$

式中:W_{pH} 为居民生活用水量;W_{pf} 为居民家庭用水量;W_{pp} 为城市公共服务用水量。

居民生活用水量是指城市范围内所有居民家庭的日常生活用水,包括城市居民、农民家庭、公共供水站用水等。基于《中国水利统计年鉴 2016》《中国城市建设统计年鉴 2016》,2016 年我国各省份居民家庭生活用水量如图 4-42 所示。2016 年我国各省份平均生活用水量为 25.6 亿 m³,其中宁夏最低,为 2.2 亿 m³,广东省最高,为 99.9 亿 m³,江苏、浙江、安徽、福建、江西、山东、河南、湖北、湖南、广东、广西、四川居民生活用水量超过平均值,其余省份为 2.2 亿~25.9 亿 m³。湖北省居民生活用水量为 52.4 亿 m³,用水量较高。

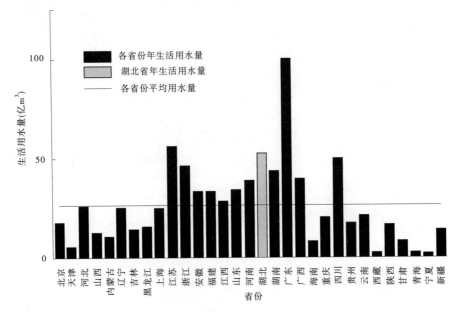

图 4-42　2016 年我国及各省份居民家庭生活用水量

　　基于 2003~2016 年的《湖北省水资源公报》统计湖北省各行政区的生活用水量,如图 4-43 所示。湖北省各行政区的居民家庭生活用水量从 2003 年到 2016 年均呈上升趋势,其中武汉市居民生活用水量最大,且上升趋势最为明显。

4.4.4.2　工业用水量

　　工业用水水平由各行业用水水平组成,表现为单位工业用水量,可以使用如下计算公式:

$$W_I = E_I \cdot W_{pI} \tag{4-59}$$

式中:W_I 为工业用水量;E_I 为工业生产总值;W_{pI} 为单位工业生产值用水量。

　　工业用水量采用的指标为年取用量,单位为亿 m³。分析全国及各省 2016 年工业用水量,如图 4-44 所示,数据源于《中国水利统计年鉴 2016》。

　　由图 4-44 可见,我国各省份 2016 年工业用水量均值为 42.2 亿 m³ 左右,各省份用水水平差距较大,上海、江苏、浙江、安徽、福建、江西、河南、湖北、湖南、广东、广西、四川工业用水量高于全国平均值,其中江苏最高,约为全国平均水平的 6 倍,湖北省工业用水量为 91.4 亿 m³,为全国平均水平的 2 倍,工业用水量水平较高;其他省份工业用水量均低于全国平均水平,尤其是青海、西藏等省份,工业用水量极低。

　　如图 4-45 可见,湖北省工业用水量总体表现为上升趋势,黄石市、襄阳市、十堰市、孝感市、黄冈市、鄂州市、荆门市、天门市、潜江市、咸宁市、恩施州、神农架呈上升趋势,其余地区表现为下降趋势。武汉市工业用水高于其他行政区,平均年工业用水量占据了湖北

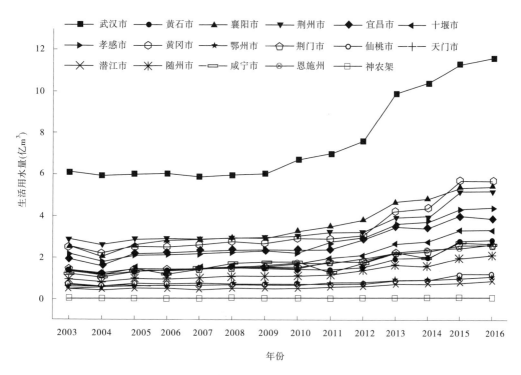

图 4-43 2003~2016 年湖北省各行政区生活用水量变化趋势

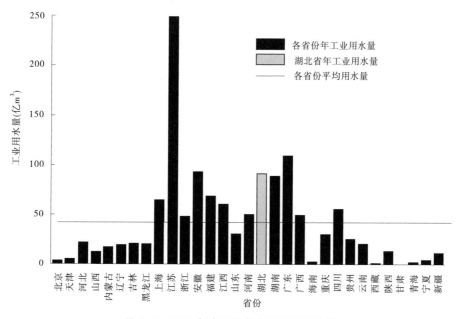

图 4-44 2016 年全国及各省份工业用水量

省工业用水总量的 19.2%。

4.4.4.3 农业用水量

农业用水水平受气候、土壤、作物、耕作方法、灌溉技术及渠系利用系数等因素的影

响,可以使用如下计算公式:

$$W_A = W_H \times M_A \qquad (4\text{-}60)$$

式中:W_A 为农业用水量;W_H 为单位耕地用水量;M_A 为耕地面积。

农业用水量采用的指标为年农业用水量,单位为亿 m^3。分析全国及各省 2016 年农业用水量,如图 4-46 所示,数据源于《2016 年中国水资源公报》。

由图 4-46 可见,2016 年我国各省份农业用水量均值为 121.5 亿 m^3 左右,各省份用水差距较大,河北、内蒙古、黑龙江、江苏、安徽、江西、山东、河南、湖北、湖南、广东、广西、四川以及新疆农业用水量高于全国平均值,其中新疆最高,约为全国平均水平的 4.4 倍,湖北省农业用水量为 137 亿 m^3,略高于全国平均水平。

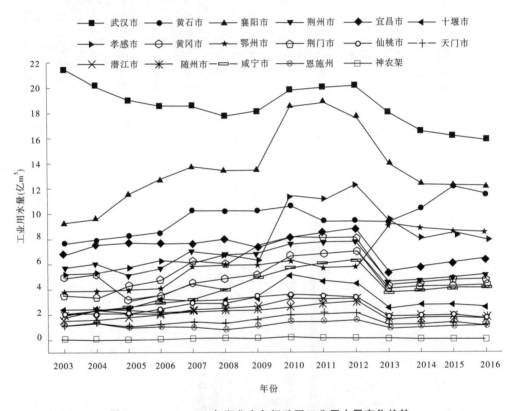

图 4-45　2003～2016 年湖北省各行政区工业用水量变化趋势

图 4-47 为 2003～2016 年湖北省部分行政区农业用水量变化趋势,可见湖北省近年来农业用水呈上升趋势,其中除武汉市、黄石市、十堰市、随州市、咸宁市及神农架农业用水呈下降趋势外,其余均为上升趋势。

以上对我国各省份及湖北省各行政区的居民生活用水、工业用水及农业用水量进行了统计分析,总体上来说湖北省用水量较高,除农业用水略高于全国平均水平外,生活用水与工业用水均远高于全国平均值;湖北省内各行政区的居民生活用水、工业用水及农业用水主要表现为逐年上升趋势,水资源压力较大。

对汉北流域范围内行政区的用水情况进行分析计算,见图 4-48、图 4-49。供水、用水

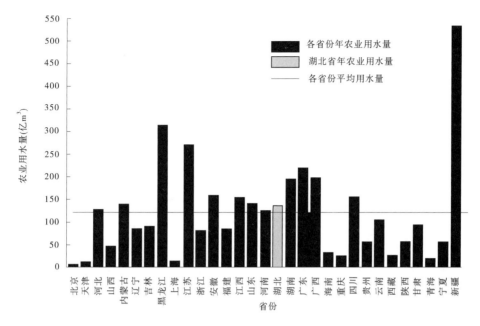

图 4-46　2016 年我国各省份农业用水量

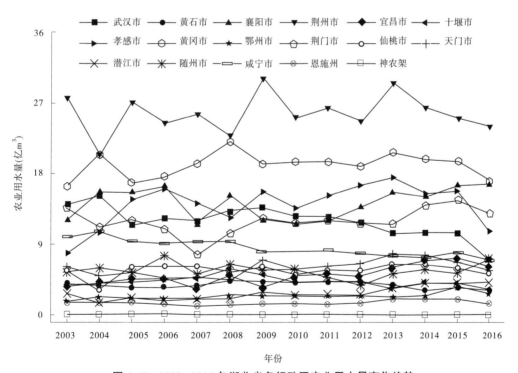

图 4-47　2003~2016 年湖北省各行政区农业用水量变化趋势

的主要活跃区域位于京山县、应城市、天门市及汉川市等地区,其中用水集中在此区域的特征尤为明显,其用水量大小表现为:天门市、汉川市用水相对较多,京山县、应城市用水次之,钟祥市用水最少。

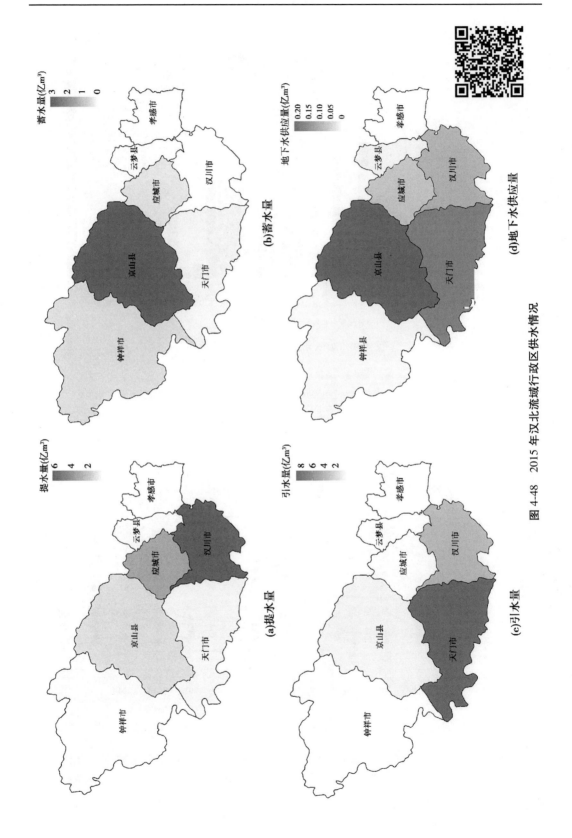

图 4-48 2015 年汉北流域行政区供水情况

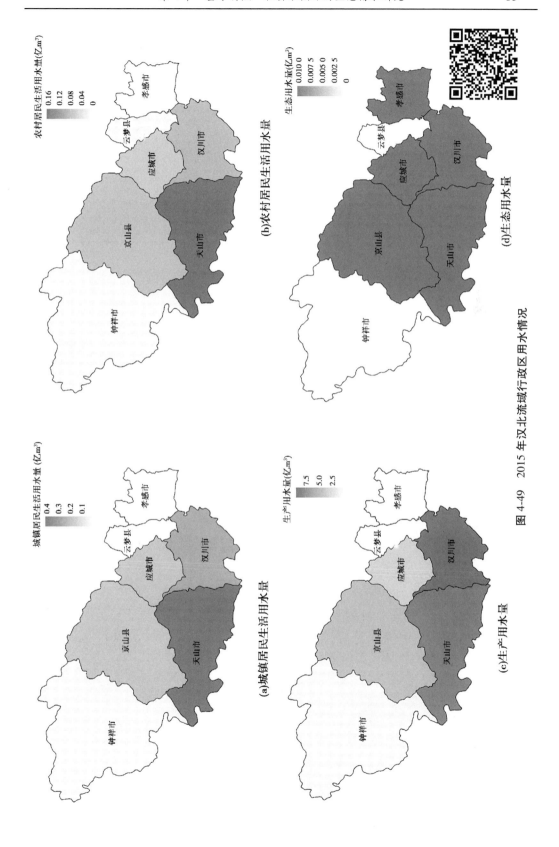

图 4-49　2015 年汉北流域行政区用水情况

4.4.4.4　用水消耗率与回归水

汉北流域回归水主要包括农业灌溉回归水、生活用水排放及工业用水回归水等。基于 2015 年《湖北省水资源公报》对各行政区、各行业的用水消耗率进行统计,通过表 4-6 中的用水消耗率确定相应的回归水系数,结果如表 4-6 所示。

以下根据汉北流域各行业的回归水系数、社会用水情况、人口数据等,开展本流域社会用水循环分析计算。

表 4-6　汉北流域各行业用水消耗率

流域	工业用水	农业用水	城镇生活	农村生活
用水消耗率	0.65	0.85	0.28	0.8
回归水系数	0.35	0.15	0.72	0.2

4.4.5　社会用水计算与预测

4.4.5.1　社会用水计算方法

社会水循环预测是指为了把握区域社会经济未来发展目标中水资源供需规律,对社会水循环各个环节进行的预测模拟。分辨出影响区域发展的社会水循环因素,为调控机制有的放矢的研究奠定基础,以制定出切实可行的社会水循环调控方法、手段[145]。

基于以上关于湖北省用水规律的认识,提出平均人口用水量法,其基本概念是:人类是社会生活、生产活动的主体,同时又是对水资源供需产生影响的主要动力,社会用水主要受人口数量的影响。平均人口用水量法的计算公式如下:

$$W_F = W_{PF} P_F \tag{4-61}$$

$$W_{PF} = W_{LN} + W_{IN} + W_{AN} + \Delta W \tag{4-62}$$

式中:W_F 为预测水平年总需水量;W_{PF} 为预测水平年单位人口需水量;P_F 为预测水平年人口数;W_{IN} 为现状年单位人口工业用水量;W_{AN} 为现状年单位人口农业用水量;ΔW 为单位人口用水量调整值。

4.4.5.2　ARIM 预测模型构建

本书选择一种较为成熟的预测模型,即简单方便、易于估计且短期预测能力强的时间序列(ARIMA)模型,其原理是:某些时间序列是依赖于时间 t 的随机变量,构成该序列的单个序列值,虽然具有不确定性,但整个序列的变化却具有一定的规律性,可以用相应的数学模型近似描述。ARIMA 模型是一种精度较高的时序短期预测方法。因此,本书集中估计一个 $ARIMA(P,d,q)$,然后利用模型进行预测,并比较预测结果和历史数据,以期能提供更好的预测[146]。

ARIMA 模型全称为差分自回归移动平均模型(Autoregressive Integrated Moving Average Model),是由博克思(Box)和詹金斯(Jenkins)于 20 世纪 70 年代初提出的著名时间序列预测方法,所以又称为 Box-Jenkins 模型。该模型的表达式如下[146]:

$$w_t = \varphi_1 w_{t-1} + \varphi_2 w_{t-2} + \cdots + a_t - \theta_1 a_{t-1} - \cdots - \theta_q a_{t-p} \tag{4-63}$$

式中:w_t 为经过差分后的变量,即 $w_t = z_t - z_{t-1}$;φ_1、φ_2、$\cdots$、φ_q 为自回归系数;θ_1、θ_2、$\cdots$、θ_q 为

移动平均系数。

引入滞后算子后模型可表述为：

$$\varphi(B)\nabla^d z_t = \theta(B)a_t \tag{4-64}$$

式中：$\varphi(B)$ 为自回归多项式；$\theta(B)$ 为移动平均多项式，B 为滞后算子；∇ 为差分算子。记为 $B*z_t = z_t - z_{t-1}$。

ARIMA 模型的基本思想是：将预测对象随时间推移而形成的数据序列视为一个随机序列，用一定的数学模型来近似描述这个序列。这个模型被识别后就可以从时间序列的过去值及现在值来预测未来值。

4.4.5.3　各行政区人口与用水量预测

1. 人口预测

对湖北省各行政区现状人口进行统计分析，如图 4-50 所示。

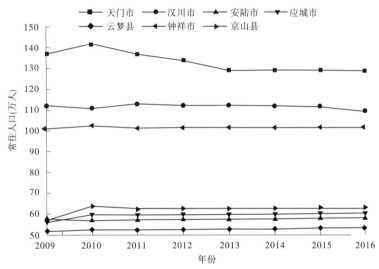

图 4-50　2009~2016 年湖北省部分行政区人口数量变化趋势

由图 4-50 中可见，2009~2016 年，除天门市人口呈下降趋势外，其余县市常住人口均表现为上升趋势，总体上一江三河沿线区域人口数量呈上升趋势。

采用 R 软件及 forecast 包，利用各行政区历史常住人口数据（数据来源为《湖北省统计年鉴》）构建 ARIMA 模型进行人口数量预测，预测结果如图 4-51、表 4-7 所示。

2. 用水量预测

基于 2009~2018 年《湖北省水资源公报》和《湖北省统计年鉴》统计各行政区人均居民生活用水量、人均工业用水量及人均农业用水量（水量数据为老口径数据）并进行预测，利用用水量与人口数据，计算各行政区用水数据，如表 4-8 所示。

基于平均人口用水量法与预测人口数量计算目前及未来汉北流域地区生活、工业及农业用水量，结果如表 4-9 所示。

由于各行业用水均有回归水的存在，流域内行政区实际消耗的用水量需要从社会用水量中扣除回归水量，结果如表 4-10 所示。

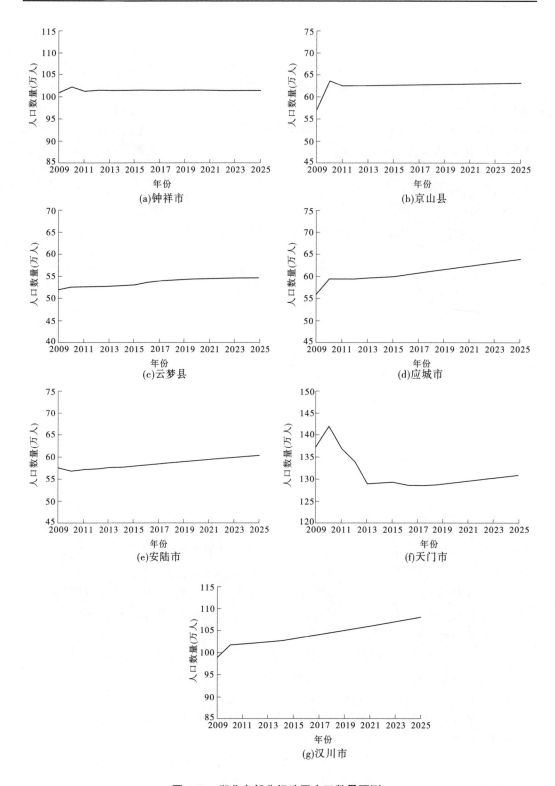

图 4-51　湖北省部分行政区人口数量预测

表 4-7 湖北省部分行政区人口数量及预测

常住人口（万人）

行政区	2009	2010	2011	2012	2013	2014	2015	2016	2017	2018	2019	2020	2021	2022	2023	2024	2025
钟祥	100.9	102.3	101.3	101.5	101.5	101.5	101.6	101.5	101.5	101.5	101.5	101.5	101.5	101.5	101.5	101.5	101.5
京山	57.1	63.7	62.5	62.6	62.7	62.7	62.7	62.8	62.8	62.9	62.9	63	63	63.1	63.1	63.2	63.3
云梦	52.0	52.5	52.5	52.6	52.8	52.8	53	53.5	53.9	54.2	54.3	54.5	54.6	54.6	54.6	54.7	54.7
应城	56.0	59.4	59.4	59.5	59.7	59.8	60	60.4	60.8	61.2	61.6	62	62.3	62.7	63.1	63.5	63.9
安陆	57.6	56.9	57.2	57.3	57.6	57.7	57.9	58.2	58.4	58.7	58.9	59.2	59.4	59.7	59.9	60.2	60.4
天门	137.1	141.9	136.9	133.9	128.9	129.2	129.2	128.7	128.5	128.6	128.9	129.2	129.5	129.9	130.3	130.5	130.8
汉川	98.9	101.6	101.9	102	102.5	102.6	103	103.5	104.0	104.5	105	105.5	106	106.5	107	107.5	108

表 4-8 湖北省部分行政区居民人均生活、工业及农业用水量统计

行政区	人均生活用水量[L/(人·d)]	人均工业用水量（m³/a）	人均农业用水量（m³/a）
钟祥	295.3	131.6	343.2
京山	291.2	164.3	473.5
云梦	229.3	94.2	310.8
应城	239.5	130.7	395.1
安陆	263.0	56.2	360.7
天门	254.5	102.2	514.7
汉川	223.0	621.7	405.1

表 4-9 湖北省部分行政区社会用水量统计

（单位：亿 m³）

行政区	用水类型	2013	2014	2015	2016	2017	2018	2019	2020	2021	2022	2023	2024	2025
钟祥	生活用水	1.09	1.09	1.09	1.08	1.09	1.10	1.10	1.11	1.12	1.13	1.15	1.17	1.18
	工业用水	1.34	1.34	1.34	1.31	1.33	1.34	1.35	1.35	1.37	1.39	1.41	1.43	1.45
	农业用水	3.48	3.48	3.49	3.42	3.46	3.49	3.51	3.52	3.58	3.61	3.67	3.73	3.77
京山	生活用水	0.67	0.67	0.67	0.66	0.66	0.67	0.67	0.68	0.69	0.70	0.71	0.72	0.73
	工业用水	1.03	1.03	1.03	1.01	1.03	1.04	1.04	1.05	1.06	1.08	1.09	1.11	1.12
	农业用水	2.97	2.97	2.97	2.92	2.95	2.99	3.01	3.02	3.06	3.10	3.15	3.20	3.24
云梦	生活用水	0.44	0.44	0.44	0.44	0.45	0.45	0.46	0.46	0.47	0.47	0.48	0.49	0.50
	工业用水	0.50	0.50	0.50	0.50	0.50	0.51	0.52	0.52	0.53	0.53	0.54	0.55	0.56
	农业用水	1.64	1.64	1.65	1.64	1.66	1.69	1.70	1.71	1.74	1.76	1.79	1.82	1.84
应城	生活用水	0.52	0.52	0.52	0.52	0.53	0.54	0.54	0.55	0.56	0.57	0.58	0.59	0.60
	工业用水	0.78	0.78	0.78	0.78	0.79	0.80	0.81	0.82	0.84	0.85	0.87	0.89	0.90
	农业用水	2.36	2.36	2.37	2.35	2.39	2.43	2.45	2.48	2.53	2.57	2.62	2.68	2.73
安陆	生活用水	0.55	0.55	0.56	0.55	0.56	0.57	0.57	0.57	0.59	0.59	0.60	0.62	0.63
	工业用水	0.32	0.32	0.33	0.32	0.33	0.33	0.33	0.34	0.34	0.35	0.35	0.36	0.37
	农业用水	2.08	2.08	2.09	2.06	2.09	2.12	2.14	2.16	2.20	2.23	2.27	2.32	2.36
天门	生活用水	1.20	1.20	1.20	1.17	1.18	1.19	1.20	1.20	1.21	1.22	1.24	1.25	1.26
	工业用水	1.32	1.32	1.32	1.29	1.30	1.31	1.32	1.32	1.33	1.34	1.36	1.38	1.39
	农业用水	6.63	6.65	6.65	6.51	6.56	6.61	6.63	6.63	6.72	6.77	6.85	6.94	7.01
汉川	生活用水	0.83	0.84	0.84	0.83	0.84	0.85	0.86	0.87	0.89	0.90	0.92	0.94	0.95
	工业用水	6.37	6.38	6.40	6.32	6.42	6.52	6.58	6.63	6.77	6.87	7.00	7.15	7.27
	农业用水	4.15	4.16	4.17	4.12	4.18	4.25	4.29	4.32	4.41	4.47	4.56	4.66	4.74
总用水量		40.27	40.32	40.41	39.80	40.30	40.80	41.08	41.31	42.01	42.50	43.21	44.00	44.60

表 4-10 湖北省部分行政区考虑回归水的社会用水量统计

（单位：亿 m³）

行政区	用水类型	2013	2014	2015	2016	2017	2018	2019	2020	2021	2022	2023	2024	2025
钟祥	生活用水	0.58	0.57	0.56	0.55	0.57	0.57	0.57	0.58	0.58	0.59	0.60	0.61	0.62
	工业用水	0.87	0.87	0.87	0.85	0.86	0.87	0.88	0.88	0.89	0.90	0.92	0.93	0.94
	农业用水	2.96	2.96	2.97	2.91	2.94	2.97	2.98	2.99	3.04	3.07	3.12	3.17	3.20
京山	生活用水	0.36	0.35	0.35	0.34	0.34	0.35	0.35	0.35	0.36	0.37	0.37	0.38	0.38
	工业用水	0.67	0.67	0.67	0.66	0.67	0.68	0.68	0.68	0.69	0.70	0.71	0.72	0.73
	农业用水	2.52	2.52	2.52	2.48	2.51	2.54	2.56	2.57	2.60	2.64	2.68	2.72	2.75
云梦	生活用水	0.24	0.24	0.24	0.23	0.24	0.24	0.25	0.25	0.26	0.26	0.26	0.27	0.27
	工业用水	0.33	0.33	0.33	0.33	0.33	0.33	0.34	0.34	0.34	0.34	0.35	0.36	0.36
	农业用水	1.39	1.39	1.40	1.39	1.41	1.44	1.45	1.45	1.48	1.50	1.52	1.55	1.56
应城	生活用水	0.25	0.25	0.25	0.25	0.26	0.26	0.26	0.27	0.27	0.28	0.28	0.29	0.29
	工业用水	0.51	0.51	0.51	0.51	0.51	0.52	0.53	0.53	0.55	0.55	0.57	0.58	0.59
	农业用水	2.01	2.01	2.01	2.00	2.03	2.07	2.08	2.11	2.15	2.18	2.23	2.28	2.32
安陆	生活用水	0.31	0.30	0.30	0.29	0.31	0.31	0.31	0.31	0.32	0.32	0.33	0.34	0.34
	工业用水	0.21	0.21	0.21	0.21	0.21	0.21	0.21	0.22	0.22	0.23	0.23	0.23	0.24
	农业用水	1.77	1.77	1.78	1.75	1.78	1.80	1.82	1.84	1.87	1.90	1.93	1.97	2.01
天门	生活用水	0.64	0.64	0.65	0.64	0.64	0.64	0.65	0.65	0.65	0.66	0.67	0.67	0.68
	工业用水	0.86	0.86	0.86	0.84	0.85	0.85	0.86	0.86	0.86	0.87	0.88	0.90	0.90
	农业用水	5.64	5.65	5.65	5.53	5.58	5.62	5.64	5.64	5.71	5.75	5.82	5.90	5.96
汉川	生活用水	0.44	0.44	0.44	0.42	0.44	0.44	0.45	0.46	0.47	0.47	0.48	0.49	0.50
	工业用水	4.14	4.15	4.16	4.11	4.17	4.24	4.28	4.31	4.40	4.47	4.55	4.65	4.73
	农业用水	3.53	3.54	3.54	3.50	3.55	3.61	3.65	3.67	3.75	3.80	3.88	3.96	4.03
总用水量		30.23	30.23	30.27	29.79	30.20	30.56	30.80	30.96	31.46	31.85	32.38	32.97	33.40

4.4.6　社会水循环阈值

水资源量阈值是水资源管理的重要参数,结合社会水循环特点,引申出社会水循环阈值原理。区域自然水循环条件决定了社会水循环取水系统上限值,社会水循环用水系统决定了用水总量上限值。随着各行业的发展、用水规模的增加,水资源开发利用率增加到一定程度,存在一个上限值,凸显出供需失衡[145]。

河道生态需水量与自然水循环、社会水循环及社会系统的水资源消耗有直接的关系。在自然水量变化不大的情况下,随着社会系统水资源消耗量增加,河道生态需水就会受到影响,如果要满足一定的生态需水比例,水资源开发利用率必须低于某一阈值。

如图 4-52 所示,为了便于研究,基于 ArcGIS 对汉北流域进行划分。汉北流域的水系主要划分为天门河流域、溾水流域、大富水流域、汉北河流域及汈汉湖流域。基于小流域所覆盖的行政区范围的降水汇流及用水情况,计算各小流域的降水汇水、社会用水量等情况。

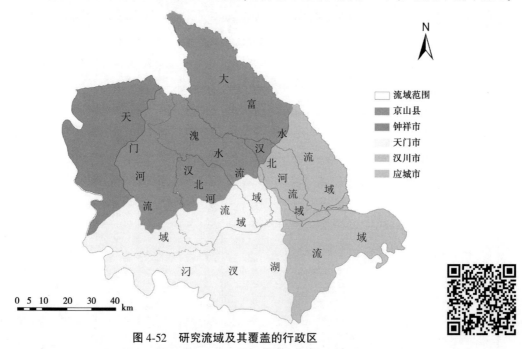

图 4-52　研究流域及其覆盖的行政区

通过 ArcGIS 对汉北流域内的小流域进行划分,统计结果如表 4-11 所示。由于汉北流域河流连通性较好,多条河流存在上下游关系,河流水量容易重复计算或者漏算。以防此问题的出现,对各河流集水面积进行单独统计,例如天门河、溾水、大富水径流最终会汇流入汉北河,但是汉北河流域集水面积对上游已统计的流域集水面积进行了扣除。由于汉北流域地区湖泊、水库众多,各小流域的集水面积需要对湖库面积进行扣除,重新统计结果如表 4-12 所示。

利用 ARIMA 模型对长时间序列降水数据开展分析预测,将预测结果代入 DTVGM 模型对汉北流域河流总水量进行预测。对现状及预测的汉北流域河流总水量、社会用水量进行统计,如图 4-53 所示,研究区域的河流水资源量呈下降趋势,而社会用水需求呈逐年上升趋势,水资源可支配量呈减少趋势,用水矛盾会越来越突出。

表 4-11　汉北流域范围内各小流域面积统计

流域	天门河流域	汉北河流域	汈汊湖流域	溾水流域	大富水流域	合计
面积(km²)	2 440.6	1 219.4	2 476.9	784.6	1 733.5	8 655

表 4-12　汉北流域范围内各河流集水面积统计

流域	天门河流域	汉北河流域	汈汊湖流域	溾水流域	大富水流域	合计
面积(km²)	2 055.5	1 109.5	2 489.8	511.5	1 220.1	7 386.4

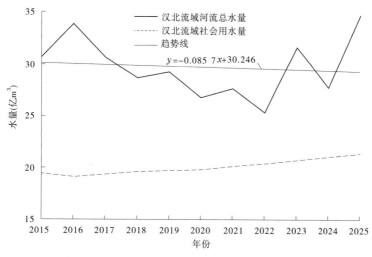

图 4-53　汉北流域河流水资源量与社会用水量关系

汉北流域内各河流水资源总量、从汉江引水量、流域社会用水量、流域社会用水消耗量统计如表 4-13~表 4-16 所示。

表 4-13　研究流域范围内河流水资源总量统计

河流	河流水资源量(亿 m³)												
	2013	2014	2015	2016	2017	2018	2019	2020	2021	2022	2023	2024	2025
天门河	8.63	7.89	8.53	9.43	8.54	7.97	8.14	7.46	7.69	7.06	8.80	7.73	9.67
汉北河	4.66	4.26	4.60	5.09	4.61	4.30	4.39	4.02	4.15	3.81	4.75	4.17	5.22
汈汊湖流域	10.46	9.56	10.33	11.42	10.34	9.66	9.86	9.03	9.32	8.55	10.66	9.36	11.71
溾水	2.15	1.96	2.12	2.35	2.12	1.98	2.03	1.86	1.91	1.76	2.19	1.92	2.41
大富水	5.12	4.68	5.06	5.60	5.07	4.73	4.83	4.43	4.57	4.19	5.22	4.59	5.74
合计	31.02	28.35	30.64	33.89	30.68	28.64	29.25	26.8	27.64	25.37	31.62	27.77	34.75

由于汉北流域水资源量较为紧张,每年通过罗汉寺闸从汉江引水约 13 亿 m³ 至本流

域,基于目前的引水情况及未来引水规划,引水情况如表 4-14 所示。

表 4-14　汉江引水量及流域总水量统计

水量统计	2013	2014	2015	2016	2017	2018	2019	2020	2021	2022	2023	2024	2025
汉江引水量（亿 m³）	13	13.16	13.31	13.47	13.63	13.79	13.94	14.10	14.26	14.42	14.57	14.73	14.89
合计水量（亿 m³）	44.0	41.5	43.9	47.4	44.3	42.4	43.2	40.9	41.9	39.8	46.2	42.5	49.6

　　表 4-15、表 4-16 分别为未考虑回归水与考虑回归水的社会用水量统计,前者为流域供给本区域的社会用水量,后者为扣除回归水后的实际消耗社会用水量。

表 4-15　研究流域范围内社会用水量情况统计

河流	社会用水量（亿 m³）												
	2013	2014	2015	2016	2017	2018	2019	2020	2021	2022	2023	2024	2025
天门河	4.53	4.52	4.52	4.44	4.48	4.52	4.54	4.55	4.62	4.66	4.72	4.80	4.85
汉北河	3.67	3.67	3.67	3.61	3.66	3.70	3.72	3.74	3.80	3.85	3.91	3.98	4.03
汈汊湖流域	12.60	12.70	12.70	12.50	12.60	12.80	12.90	12.90	13.10	13.30	13.50	13.80	13.96
溾水	1.47	1.47	1.47	1.44	1.46	1.47	1.48	1.48	1.51	1.52	1.54	1.57	1.59
大富水	3.58	3.59	3.59	3.54	3.59	3.64	3.67	3.70	3.77	3.82	3.89	3.97	4.03
合计	25.85	25.95	25.95	25.53	25.79	26.13	26.31	26.37	26.80	27.15	27.56	28.12	28.46

表 4-16　研究流域范围内社会用水消耗量统计

河流	社会用水消耗量（亿 m³）												
	2013	2014	2015	2016	2017	2018	2019	2020	2021	2022	2023	2024	2025
天门河	3.45	3.45	3.45	3.38	3.42	3.45	3.46	3.47	3.52	3.55	3.60	3.66	3.70
汉北河	2.80	2.80	2.80	2.76	2.79	2.82	2.84	2.86	2.90	2.93	2.98	3.03	3.07
汈汊湖流域	9.37	9.37	9.38	9.23	9.34	9.46	9.53	9.57	9.73	9.85	10.01	10.19	10.33
溾水	1.13	1.13	1.13	1.11	1.12	1.13	1.14	1.14	1.16	1.17	1.18	1.20	1.22
大富水	2.71	2.71	2.71	2.67	2.71	2.75	2.77	2.80	2.85	2.89	2.94	3.00	3.04
合计	19.46	19.46	19.47	19.15	19.38	19.61	19.74	19.84	20.16	20.39	20.71	21.08	21.36

　　以上对汉北流域范围内的河流水资源及用水量情况进行了统计,以 2013～2018 年为

例,汉北流域年自产且形成河流径流量约为 30.5 亿 m³,从汉江引入水量约为 13.4 亿 m³,流域内共计水资源量约为 43.9 亿 m³,年社会用水量约为 25.9 亿 m³,年消耗水资源量约为 19.4 亿 m³。

基于以上河流水资源总量与社会用水量分析,统计河流可用水量,从而确定汉北流域各河流可用水量,结果如表 4-17 所示。对研究区域总的可用水量变化趋势进行分析(见图 4-54),根据统计与预测,研究流域自产水量呈递减趋势,受引水量增加的影响,未来流域内的可用水量呈小幅度上升趋势。基于可用水量的统计分析结果,确定现状及未来水资源开发阈值,选择适宜生态需水计算方法对各流域生态需水量进行计算(见 4.5 节相关内容),从而确定流域内各河流的需水情况。

表 4-17 考虑回归水量的河流可用水量统计

河流	河流可用水量(亿 m³)												
	2013	2014	2015	2016	2017	2018	2019	2020	2021	2022	2023	2024	2025
天门河	10.18	9.50	10.20	11.23	10.36	9.82	10.04	9.41	9.65	9.06	10.80	9.74	11.70
汉北河	5.87	5.51	5.90	6.47	6.01	5.72	5.84	5.50	5.64	5.32	6.25	5.67	6.73
汈汊湖流域	5.12	4.24	5.05	6.33	5.19	4.44	4.62	3.80	3.98	3.14	5.13	3.70	5.96
溾水	1.02	0.83	0.99	1.24	1.00	0.85	0.89	0.72	0.75	0.59	1.01	0.72	1.19
大富水	2.41	1.97	2.35	2.93	2.36	1.98	2.06	1.63	1.72	1.30	2.28	1.59	2.70
合计	24.60	22.05	24.49	28.20	24.92	22.81	23.45	21.06	21.74	19.41	25.47	21.42	28.28

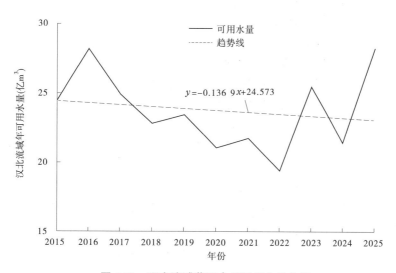

图 4-54 研究流域范围内总可用水量分析

4.5　流域河道内生态需水量

4.5.1　计算方法选取

计算河道内最小生态需水量的方法众多,有水文学法、水力学法、生态学法和综合法。而在这四大类方法中,又有许多子方法。在生态环境现状调查和水文循环分析的基础上,根据汉北流域的实际情况,设定如下原则遴选河道内生态需水量计算方法。

(1)采用尽可能多的计算方法。

各种生态需水计算方法所考虑的侧重点不一样,各有优缺点,通过采用多种方法,将使计算的最小生态需水量考虑的因素更全面,互为取长补短。譬如 Tennant 法以预先确定的年平均流量百分数作为河流推荐基流量,一般将多年平均流量的 10% 作为最小的河流生态需水量。该法有一个明显的缺点,就是排除了重要的流量极值并缺乏考虑流量的时间变化,所以该法通常作为优先度不高的河段研究河流流量推荐值使用,或者作为其他方法的一种检验。同样属于水文学法中的 Texas 法则是在 Tennant 法的基础上进一步考虑了季节变化因素,其弥补了 Tennant 法没考虑季节变化的缺点。另外,月(年)保证率设定法和我国根据 7Q10 法采用 90% 保证率最枯月流量作为最小设计流量通常低估生态需水量,而其计算过程考虑了污染物允许的排放量,增加了生态需水水质因素的考虑。可见,采用尽可能多的计算方法,可以弥补单一计算方法考虑不足的缺点,更利于计算出合理的生态需水结果。

(2)偏好对资料依赖程度不高的方法。

虽然汉北流域地区河网丰富,具有一定的长时间序列的水文资料,但由于区域面积较大,部分河流依然缺少水文监测资料。因此,对相关资料依赖程度较高的研究方法(如生态学法和综合法等),则不宜研究此区域。因此,在对生态需水计算方法的选择中,偏好对资料依赖程度不高的方法。

(3)摒弃与研究区实际情况不符合的方法。

有些生态需水计算方法只是针对特定的生态系统,或者是关注生态系统中的某一生态问题发展起来的,与研究区的实际情况不相符合,这类方法需要舍弃。如采用生态水位确定法计算湿地恢复水量,或保持一定的入海水量防止河口淤积、海水入侵和维持河口及海湾生态平衡的生态需水计算方法。这些方法所适用的生态系统不同于汉北流域的现实情况,没有可用性,需要舍弃。

(4)创新或改进生态需水量的新方法。

针对研究区域的实际情况,改进现有的生态需水计算方法可能更有利于得出合理的结果,或者创新出适合本研究区的新方法,如改进 Texas 法,及刘苏峡在研究南水北调生态需水问题中基于主要生态保护对象生活习性和包括流量变异系数在内的水文情势分析上提出的习变法[147]。

依据以上原则,遴选出如下方法:①Tennant 法;②最小月径流法;③7Q10 法;④湿周法;⑤水力半径法;⑥Texas 法。

4.5.2　生态需水量计算

根据 2.4.2 小节部分基于水文情势的河流断面划分对汉北流域河网生态断面的选取,逐断面、逐方法进行生态需水量计算。

(1)Tennant 法。

为满足汉北流域鱼类生存所需的生境要求,在保持水流丰枯特征的条件下,分别取 10%、20% 和 30% 标准进行总量控制求取河道内生态需水量。

根据天门站 1956~2015 年、应城站(大富水)1971~2015 年实测径流资料,汉北河、汈汊湖北支、汈汊湖南支及溾水的模拟径流资料,用 Tennant 法取 10%、20% 和 30% 标准得到的各河流生态需水量结果,如表 4-18 所示。

(2)最小月径流法。

最小月径流法采用河流多年月径流量的最小值的均值作为河流生态需水量,结果如表 4-19 所示。

(3)7Q10 法。

采用 90% 保证率最枯连续 7 天的平均水量作为河流最小流量设计值。通过对多条河流的长系列降水资料进行 P–Ⅲ型频率曲线法排频分析确定 $P=90\%$ 情形时的设计来水量。

在天然时期中寻找与设计来水量相同的或相近的年份作为代表水文年。按照此方法,选取 2011 年作为汉北流域 $P=90\%$ 代表水文年。根据相关史志文献记载,2011 年未发生较大的水生态事件,因此选择 2011 年作为典型代表年是合理的,生态需水量结果如表 4-20 所示。

(4)湿周法。

湿周法需要大断面资料,选择有断面资料的河段,基于断面、径流数据(采用曲率法计算临界点)计算河流最小生态需水量[148]。

以汉北河为例,利用湿周法计算生态需水量,图 4-55 为汉北河民乐闸实测断面。

根据汉北河民乐闸断面水位、流量及大断面数据建立水位—流量关系曲线,如图 4-56 所示。

建立湿周—流量关系曲线,拟合得到湿周—流量关系曲线,如图 4-57 所示。

湿周法计算河道内生态需水量的关键是确定湿周—流量关系曲线上的突变点。一般认为,对于该曲线上的某一点,如果流量的增加只会引起湿周很小的突变,则该点即为所要的突变点,而且第一个突变点对应的流量就是所求的生态需水量。突变点的确定一直采用主观的确定方法,从数学角度考虑,突变点位置应该在曲线的最大曲率法处或斜率为 1 处,虽然在理论上为斜率法和最大曲率法找到了科学依据,但是在实际计算中是否采用斜率为 1 处的流量,有待于根据实际情况进行修正。

由图 4-57 可见,曲线的变化过程并不规则,出现多个斜率明显变化的拐点,这与汉北河民乐闸断面情况有关。由图 4-55 可以看到,其断面呈现出从左到右的高程先降低再升高,再降低再升高的过程,不同于常规断面。最明显的三个斜率突变点对应的河流流量分别为 27.3 m³/s、59.3 m³/s、101.8 m³/s,根据实际情况选择第一个出现斜率明显突变的点对应的流量作为河道最小生态需水量更为合理。

表 4-18　Tennant 法计算汉北流域的河道内生态需水量结果

河流		天门河			汈汊湖水系		汉北河		漶水	大富水
		拖市镇	黄潭镇	净潭镇	汈汊湖北支	汈汊湖南支	天门水文站	汉北河民乐闸		
多年平均流量(m³/s)		12	35.2	20.6	15.2	9.8	31.2	79.6	8.0	13.7
多年年平均径流总量(亿 m³)		3.8	11.1	6.5	4.8	3.1	9.8	25.1	2.5	4.3
河道内年平均生态基流流量 (m³/s)	10%	1.2	3.5	2.1	1.5	1.0	3.1	8.0	0.8	1.4
	20%	2.4	7.0	4.1	3.0	2.0	6.2	16.0	1.6	2.7
	30%	3.6	10.6	6.2	4.6	2.9	9.3	23.8	2.4	4.1
河道内年生态需水总量(亿 m³)		0.8	2.2	1.3	1.0	0.6	2.0	5.0	0.5	0.9

表 4-19　最小月径流法计算汉北流域的河道内生态需水量结果

河流	天门河			汈汊湖水系		汉北河		漶水	大富水
	拖市镇	黄潭镇	净潭镇	汈汊湖北支	汈汊湖南支	天门水文站	汉北河民乐闸		
多年平均流量(m³/s)	12.0	35.2	20.6	15.2	9.8	31.2	79.6	8.0	13.7
多年年平均径流总量(亿 m³)	3.8	11.1	6.5	4.8	3.1	9.8	25.1	2.5	4.3
河道内年平均生态需水流量(m³/s)	3.1	10.3	6.1	4.2	2.9	9.5	17.3	2.1	3.9
河道内年生态需水总量(亿 m³)	1.0	3.2	1.9	1.3	0.9	3.0	5.5	0.7	1.2

表 4-20　7Q10 法计算汉北流域的河道内生态需水量结果

河流	天门河			汈汊湖水系		汉北河		漶水	大富水
	拖市镇	黄潭镇	净潭镇	汈汊湖北支	汈汊湖南支	天门水文站	汉北河民乐闸		
多年平均流量(m³/s)	12.0	35.2	20.6	15.2	9.8	31.2	79.6	8.0	13.7
多年年平均径流总量(亿 m³)	3.8	11.1	6.5	4.8	3.1	9.8	25.1	2.5	4.3
90%保证率最枯连续 7 天平均径流量(m³/s)	0.9	2.6	1.5	1.2	0.8	2.3	5.7	0.7	1.3
河道内年生态需水总量(亿 m³)	0.3	0.8	0.5	0.4	0.2	0.7	1.8	0.2	0.4

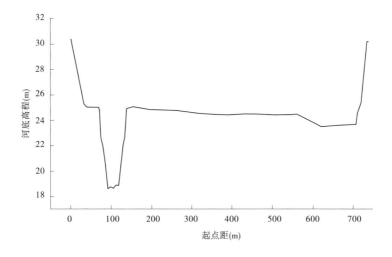

图 4-55　汉北河民乐闸实测断面

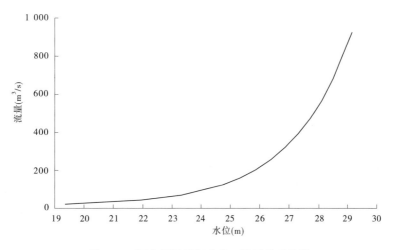

图 4-56　汉北河民乐闸水位—流量关系曲线

利用相同的方法分别计算其他断面的生态需水量,如表 4-21 所示。

(5)水力半径法。

①计算生态水力半径。

依据前述两点假设及相关概念,根据明渠均匀流公式[149],可以得到水力半径 R 与过水断面平均水流流速 $\bar{v}$、水力坡度 J 和糙率 n 之间的关系:

$$R = n^{3/2} \bar{v}^{3/2} J^{-3/4} \tag{4-65}$$

式中:n(糙率)和水力 J(坡度)为河道的水力学参数(河道信息)。

若将过水断面平均流速赋予生物学意义,即生态流速(如鱼类产卵洄游的流速)$v_{生态}$ 作为过水断面的平均流速,那么此时的水力半径就是具有生态学意义的生态水力半径 $R_{生态}$,然后用这个生态水力半径来推求该过水断面的流量即为可以满足河流的一定生态

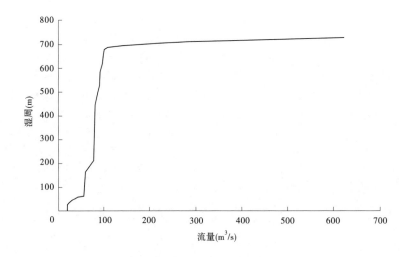

图 4-57　汉北河民乐闸湿周—流量关系曲线

功能(如鱼类洄游)所需要的生态流量。

据野外调查,汉北流域优势鱼种成鱼适宜流速为 0.3~0.6 m/s,因此在利用水力半径法计算生态需水量时,取适中的生态流速 $v_{生态}$ = 0.4 m/s,糙率 n = 0.03,水力坡度 J = 4/10 000,计算出河道过水断面的生态水力半径 $R_{生态}$ = 0.46 m。

②确定流量与水力半径的关系。

利用实测断面资料、水位资料,即可求得不同水位条件下的河道过水断面的水力半径,根据流量序列和上述计算的水力半径即可求得流量与水力半径的关系,利用函数进行拟合,得到不同年份水力半径与流量的函数关系。综合以上函数关系与 $R_{生态}$ 计算不同年份的生态需水量。用相同方法计算其他河流断面的生态需水量,如表 4-22 所示。汉北河民乐闸流量—水力半径关系曲线如图 4-58 所示。

(6)Texas 法。

Texas 法是在 Tennant 法的基础上进一步考虑了季节变化因素,将 50%保证率下的月流量(中值流量)的特定百分率作为每个月的最小基本流量,用各月的流量历时曲线确定中值流量,用变异系数间接确定特定百分率。

对径流资料系列 $x_i(i=1,2,\cdots,n)$,其变异系数由下式求出:

$$c_v = \frac{\sigma}{\bar{x}} \tag{4-66}$$

式中: $\bar{x}$ 为平均值, $\bar{x}=\frac{1}{n}\sum_i x_i$; σ 为标准均方差, $\sigma^2=\sqrt{\frac{1}{n}\sum_{i=1}^{n}(x_i-\bar{x})^2}$ 。

流量变异系数有如下规律:枯水季节变异系数小,丰水季节变异系数大。

对于变异系数较大(≥0.3)的月份,自然抗变异能力较强,按照 Tennant 的研究,多年平均流量的 30%能满足近乎 100%湿周的原则,取中值流量的 30%为最小生态需水量,对

表 4-21　湿周法计算汉北流域的河道内生态需水量结果

河流	天门河			汈汊湖水系		汉北河		漳水	大富水
	拖市镇	黄潭镇	净潭镇	汈汊湖北支	汈汊湖南支	天门水文站	汉北河民乐闸		
多年平均流量（m³/s）	12.0	35.2	20.6	15.2	9.8	31.2	79.6	8.0	13.7
多年平均径流总量（亿 m³）	3.8	11.1	6.5	4.8	3.1	9.8	25.1	2.5	4.3
河道内年平均生态需水流量（m³/s）	4.1	11.4	6.9	4.8	2.9	11.2	27.3	2.5	4.8
河道内年生态需水总量（亿 m³）	1.3	3.6	2.2	1.5	0.9	3.5	8.6	0.7	1.5

表 4-22　水力半径法求取的河道内生态需水量结果

河流	天门河			汈汊湖水系		汉北河		漳水	大富水
	拖市镇	黄潭镇	净潭镇	汈汊湖北支	汈汊湖南支	天门水文站	汉北河民乐闸		
多年平均流量（m³/s）	12.0	35.2	20.6	15.2	9.8	31.2	79.6	8.0	13.7
多年平均径流总量（亿 m³）	3.8	11.1	6.5	4.8	3.1	9.8	25.1	2.5	4.3
河道内年平均生态需水流量（m³/s）	3.2	9.3	5.2	3.8	2.9	8.1	22	2.2	3.9
河道内年生态需水总量（亿 m³）	1.0	2.9	1.6	1.2	0.9	2.6	6.9	0.7	1.2

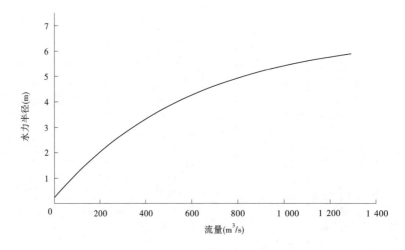

图 4-58　汉北河民乐闸流量—水力半径关系曲线

于变异系数较小的月份,自然抗变异能力较弱,取中值流量的 90% 为最小生态需水量。另外,还必须遵从流量过程线形状基本相似和年总量不超过前面基本流量的上、下限变化范围的原则。汉北流域各河流多年月径流变异系数如表 4-23 所示。

表 4-23　汉北流域各河流多年月径流变异系数

河流	月份											
	1	2	3	4	5	6	7	8	9	10	11	12
汉北河民乐闸	0.65	0.80	0.63	0.55	0.57	0.55	0.77	0.72	0.60	0.70	0.54	0.62
天门河(净潭以上)	1.0	1.1	0.83	0.67	0.59	0.64	0.81	0.67	0.62	0.69	0.69	0.99
天门河(净潭以下)	0.46	0.51	0.48	0.68	0.65	0.77	0.84	0.70	0.73	0.65	0.57	0.62
汈汊湖北支	0.99	1.07	0.86	0.62	1.04	0.60	0.88	0.75	0.97	1.07	0.49	0.53
汈汊湖南支	0.56	0.66	0.54	0.72	0.66	0.79	1.00	0.62	0.44	0.59	0.78	0.92
大富水	0.48	1.08	0.73	0.98	1.08	0.83	1.12	1.18	0.79	0.95	0.87	0.53
漻水	0.45	0.62	0.56	0.60	0.61	0.65	0.79	0.77	0.65	0.77	0.54	0.35

　　由此,根据统一推算出的汉北河民乐闸、天门河、汈汊湖北支、汈汊湖南支、大富水及漻水的流量资料,得到用 Texas 法求取相应河道的河道内各月的生态需水量结果,换算成年总生态需水量(见表 4-24)。

4.5.3　生态需水量结果及分析

　　从各种方法所计算得到的生态需水量计算结果可以看出,普遍表现为湿周法最大,

表 4-24　Texas 法求取的河道内生态需水量结果

河流	天门河			汈汊湖水系		汉北河		滶水	大富水
	拖市镇	黄潭镇	净潭镇	汈汊湖北支	汈汊湖南支	天门水文站	汉北河民乐闸		
多年平均流量（m³/s）	12	35.2	20.6	15.2	9.8	31.2	79.6	8	13.7
多年年平均径流总量（亿 m³）	3.8	11.1	6.5	4.8	3.1	9.8	25.1	2.5	4.3
河道年平均生态需水流量（m³/s）	3.4	9.8	5.7	4.0	2.8	9.6	22.6	2.3	3.7
河道年生态需水总量（亿 m³）	1.1	3.1	1.8	1.3	0.9	3.0	7.1	0.7	1.2

7Q10 法最小,30%标准的 Tennant 法与最小月径流法、Texas 法结果较为相近,总体上,水文学法的计算结果较水力学法偏小。汉北流域各河流的生态需水量需综合水文学法、水力学法的计算结果进行分析比较以确定流域生态需水量。Tennant 法是水文学法中最具代表性的方法,是依据观测资料而建立起来的径流量和栖息地质量之间的经验关系,可作为一种粗略检验,基于此以及《河湖生态环境需水计算规范》(SL/Z 712—2014),选取Tennant 法 10%标准作为最小生态需水。考虑河流水体的连续性及枯水径流保证概率,汉北流域河流最小水量宜不小于最小月径流法计算结果,湿周法计算结果可以满足最小月径流法的要求,同时还能满足 Tennant 法 10%标准和 Texas 法的计算结果,因此采用湿周法计算结果作为河流生态需水量的适宜取值,结果如表 4-25 所示。将最小、适宜生态需水流量分配为逐月最小、适宜生态需水流量以流量形式表示,如表 4-26、表 4-27 所示。

对最小、适宜生态需水流量成果开展空间插值分析,以便整体把握汉北流域的生态需水流量状况,如图 4-59、图 4-60 所示。

对汉北流域各河流生态需水量进行空间插值,如图 4-61、图 4-62 所示。

为避免生态需水量计算出现重复统计的情况,按照水资源分区进行各单元河流生态需水量的计算。综合前述流域划分、行政区划分,计算汉北流域内不同河流、河段的生态需水量。天门河、汉北河、汈汊湖北支、汈汊湖南支、滶水、大富水年最小生态需水量分别为 1.45 亿 m³、0.85 亿 m³、0.47 亿 m³、0.32 亿 m³、0.25 亿 m³、0.44 亿 m³,年适宜生态需水量分别为 5.45 亿 m³、2.65 亿 m³、1.83 亿 m³、1.1 亿 m³、0.91 亿 m³、1.51 亿 m³。汉北流域年最小、适宜生态需水量分别为 3.78 亿 m³、13.45 亿 m³,结果如表 4-28 所示。

表 4-25　汉北流域河流断面生态需水量计算成果（以流量形式表示）

河流		多年平均流量（m³/s）	Tennant 法（m³/s）			最小月径流法（m³/s）	7Q10法（m³/s）	湿周法（m³/s）	水力半径法（m³/s）	Texas法（m³/s）	生态需水流量（m³/s）	
			10%	20%	30%						最小	适宜
天门河	拖市镇	11.8	1.2	2.4	3.6	3.1	0.9	4.1	3.2	3.4	1.2	4.1
	黄潭镇	34.6	3.5	7.0	10.4	10.3	2.6	11.4	9.3	9.8	3.5	11.4
	净潭镇	20.6	2.1	4.1	6.2	6.1	1.5	6.9	5.2	5.7	2.1	6.9
汉北河	天门水文站	31.2	3.1	6.2	9.4	9.5	2.3	11.2	8.1	9.6	3.1	11.2
	汉北河民乐闸	79.6	8.0	16.0	23.8	17.3	5.7	27.3	22.0	22.6	8.0	27.3
汈汊湖水系	汈汊湖北支	15.2	1.5	3.0	4.6	4.2	1.2	5.8	3.8	4.0	1.5	5.8
	汈汊湖南支	9.7	1.0	2.0	2.9	2.9	0.8	3.5	2.9	2.8	1.0	3.5
涢水		8.0	0.8	1.6	2.4	2.1	0.7	2.9	2.2	2.3	0.8	2.9
大富水		13.7	1.4	2.7	4.1	3.9	1.3	4.8	3.9	3.7	1.4	4.8

表 4-26　汉北流域河流断面逐月最小生态需水量（以流量形式表示）

河流	断面	逐月最小生态需水流量（m³/s）											
		1月	2月	3月	4月	5月	6月	7月	8月	9月	10月	11月	12月
天门河	拖市镇	0.24	0.69	0.54	1.20	1.59	1.88	2.54	1.73	1.24	1.35	0.86	0.54
	黄潭镇	1.04	0.63	1.00	1.59	3.27	5.07	9.09	7.17	4.74	4.16	2.56	1.70
	净潭镇	0.38	0.53	1.10	1.42	2.81	3.75	6.45	3.40	1.80	1.35	1.44	0.78
汉北河	天门水文站	0.94	1.49	1.63	2.82	4.31	4.70	6.77	4.53	3.52	3.17	2.18	1.16
	汉北河民乐闸	1.75	2.43	3.31	5.83	10.57	13.84	21.26	13.59	9.31	7.02	4.69	2.41
汈汊湖水系	汈汊湖北支	0.19	0.50	0.68	0.97	1.94	2.44	3.96	2.45	1.88	1.24	0.79	0.96
	汈汊湖南支	0.29	0.31	0.48	0.78	1.26	1.68	2.77	1.71	1.16	0.87	0.63	0.06
涢水	皂市站	0.24	0.21	0.25	0.40	0.78	1.21	1.99	1.63	1.09	0.86	0.61	0.34
大富水	应城二站	0.40	0.50	0.66	0.96	1.89	2.39	4.27	2.21	1.28	0.98	0.80	0.47

表 4-27　汉北流域河流河断面逐月适宜生态需水量（以流量形式表示）

河流	断面	逐月适宜生态需水流量（m³/s）											
		1月	2月	3月	4月	5月	6月	7月	8月	9月	10月	11月	12月
天门河	拖市镇	0.83	2.37	1.83	4.09	5.43	6.41	8.67	5.92	4.25	4.60	2.94	1.86
	黄潭镇	3.38	2.04	3.26	5.16	10.66	16.50	29.62	23.35	15.44	13.54	8.33	5.54
	净潭镇	1.26	1.74	3.62	4.65	9.24	12.33	21.18	11.17	5.91	4.43	4.73	2.55
	天门水文站	3.38	5.37	5.88	10.19	15.58	16.96	24.44	16.38	12.70	11.45	7.88	4.19
汉北河	汉北河民乐闸	5.97	8.30	11.28	19.91	36.07	47.24	72.54	46.37	31.76	23.95	15.99	8.23
汈汊湖水系	汈汊湖北支	0.74	1.94	2.63	3.76	7.51	9.42	15.30	9.49	7.26	4.78	3.04	3.72
	汈汊湖南支	1.03	1.09	1.68	2.72	4.41	5.89	9.68	6.00	4.07	3.04	2.22	0.19
涢水	皂市站	0.87	0.76	0.89	1.45	2.81	4.38	7.20	5.91	3.95	3.13	2.22	1.22
大富水	应城二站	1.38	1.70	2.26	3.28	6.47	8.19	14.64	7.59	4.38	3.36	2.74	1.60

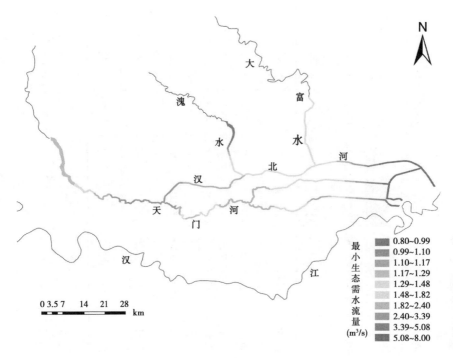

图 4-59　汉北流域河流最小生态需水流量空间分布 (以流量形式表示)

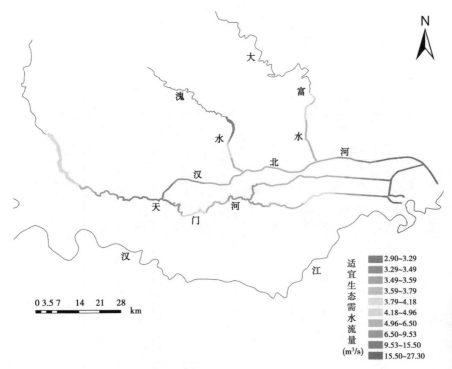

图 4-60　汉北流域河流适宜生态需水流量空间分布 (以流量形式表示)

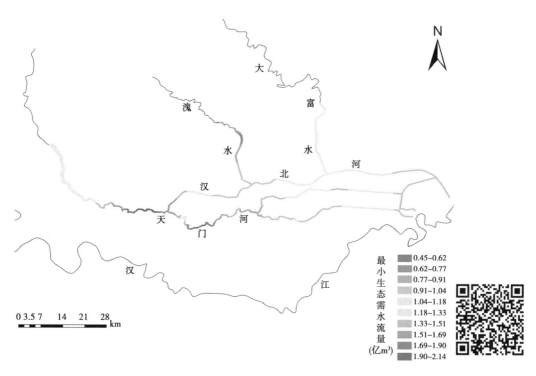

图 4-61　汉北流域河流最小生态需水量空间分布

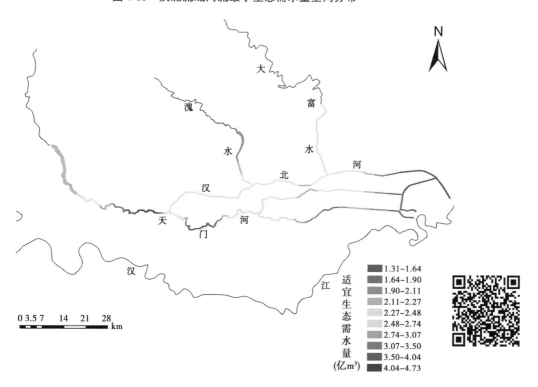

图 4-62　汉北流域河流适宜生态需水量空间分布

　　结合表 4-28 水文学法、水力学法计算的河流生态需水量结果可知,当前汉北流域可用水量可满足河流最小、适宜生态需水量。

表 4-28 　汉北流域不同河流、河段生态需水量

河流	河段	生态需水量(亿 m³)		河流生态需水量(亿 m³)	
		年最小	年适宜	年最小	年适宜
天门河	拖市镇	0.38	1.29	1.45	5.45
	拖市镇—黄潭镇	0.73	2.3		
	黄潭镇—净潭镇	0.34	1.86		
汈汊湖水系	汈汊湖北支	0.47	1.83	0.79	2.93
	汈汊湖南支	0.32	1.1		
汉北河	天门水文站—溾水入汉北河河口	0.54	1.67	0.85	2.65
	溾水入汉北河河口—汉北河民乐闸	0.31	0.98		
溾水		0.25	0.91	0.25	0.91
大富水		0.44	1.51	0.44	1.51
合计		3.78	13.45	3.78	13.45

第 5 章　基于水环境恢复的生态需水研究

流域河道内水环境恢复需水量是指为改善河流水体水质,满足水功能区水质目标所要求的最小水量,也即在设定河流纳污量维持一定水平条件下,水质达到水功能相应水质标准所需要的最小流量及相应水量过程,这里不考虑河流取水量和蒸发、渗漏等损失水量[150]。

5.1　汉北流域水环境现状分析

在我国,化学需氧量、高锰酸盐指数通常被作为直接表示水体中有机物相对含量的指标[151]。二者均被作为水体受有机污染物和还原性无机物质污染程度的综合指标[152]。化学需氧量(COD_{Cr})几乎可以表示出水中有机物全部氧化所需要的氧量,一般用于污染较重的废水的测定。高锰酸盐指数亦被称为 COD 的高锰酸钾法(COD_{Mn}),一般用于较清洁的地表水的测定[153]。

在对河流水质进行模拟前,对 2017 年汉北流域河流水质情况进行初步分析(见图 5-1)。分析发现,汉北流域不同河流、不同河段的水质差别较大。COD 是反映水体有机污染状况的综合指标,也是衡量水体减排的主要因子,其数值表示水中含有还原性物质(其中主要是有机污染物)的量,化学需氧量越高,就表示水体中的有机物污染越严重。

由图 5-1 可见,在空间上,汉北流域污染严重的区域主要在天门河(万家台—净潭镇段)、汉北河下游以及汈汊湖流域下游部分。其原因在于天门河(万家台—净潭镇段)是人口居住聚集区,受人为干扰较为严重,污染较为严重;汉北河下游以及汈汊湖流域的下游区域同样污染程度较深,其主要受新沟闸、民乐闸以及汉川闸等闸门长期关闭的影响,水流不畅,从而导致污染物汇集在此区域。在时间上,2017 年 11 月汉北流域水质明显较 2017 年 8 月差,河流径流中的污染物出现增加趋势,枯水期河流污染程度较为严重。根据《地表水环境质量标准》(GB 3838—2002)地表水水域环境功能和保护目标可知,汉北流域多数河流水质为Ⅲ类~Ⅳ类,水质较差。

图 5-2 为 2018 年 4 月汉北流域河流水质情况,在空间上其污染情况与 2017 年有所不同。由图 5-2 可见,其高锰酸钾指数浓度较高的位置位于天门河上游段、汉北河下游及汈汊湖下游等河段,而之前污染较重的天门河市区段及净潭段水质明显好于其他河段,其原因在于此时间段天门船闸不再是长期关闭状态,进行了开闸放水,上游水源的下泄降低了人口聚集区河流污染物的含量,提高了河流水质。由此可见,在有水源汇入、流动性较好的情况下,对河流水质的改善具有积极作用。

　　综合以上分析,基于选用指标的稳定性、代表性及可靠性等方面的考虑,本书选择 COD_{Mn} 作为水质模拟指标,开展河流水质模拟研究。

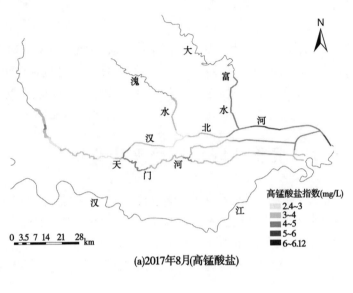

(a)2017年8月(高锰酸盐)

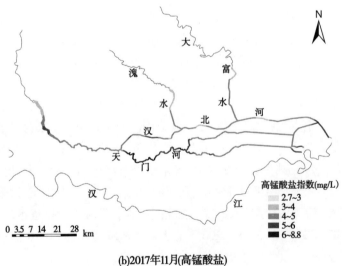

(b)2017年11月(高锰酸盐)

图 5-1　2017 年不同季节汉北流域河流水质情况

(c)2017年8月(化学需氧量)

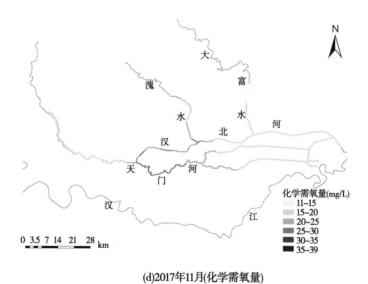

(d)2017年11月(化学需氧量)

续图 5-1

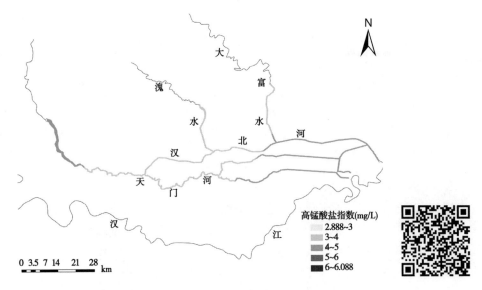

图 5-2　2018 年 4 月汉北流域河流水质情况

5.2　河网水环境模型构建

本书研究流域不是单一河流,而是一整个河网,河网不同于单一河流,它的特点在于河网错综复杂,以及由此带来方程组离散和求解上的困难,这是多年来人们研究河网问题的一大难题。MIKE 11 是由丹麦水力研究所 DHI 开发的一款河网一维数学模型,其广泛应用于河网水动力水质耦合模型的研究领域。MIKE 11 具有算法可靠、计算稳定、前后处理方便、水工建筑物调节功能强大等优点,在水文预报、河道治理和水质管理等方面得到研究与应用[154-155],尤其适合应用于水工建筑物众多、控制调度复杂的情况。此河流模型包括降水径流、对流扩散、泥沙输运、洪水模拟等模块,可被广泛地应用于河流、河网的水量、水质模拟[156]。因此,本书应用 MIKE 11 水动力学模型(HD)、水质模型(AD)对汉北流域的天门河、汉北河、汈汊湖北支、汈汊湖南支、漹水、大富水等河流的水流、水质进行模拟分析,研究河道水位、流量及污染物的时空变化过程,为河网水资源管理和水环境保护提供科学依据。

5.2.1　模型原理

水流的往复性及河网结构的错综复杂性,是研究平原河网问题的一大难题[157]。根据目前汉北流域河流水量、水质实际情况,结合调研结果,构建典型河湖水系一维水动力与水质模型,其上边界为天门河拖市镇断面,下边界为新沟闸及汉川闸,考虑天门河、汉北河、汈汊湖北支、汈汊湖南支、漹水、大富水等河流入流及排污影响,具体如下。

5.2.1.1　水动力模型(HD)

河网水动力模拟的基本目的是提供河道各个断面、各个时刻的水位和流量等水文要素信息,并模拟泵站和闸门调度规则对河道水文条件的影响,为水质模型提供基础信息[154]。MIKE 11 水动力模型(HD)基于一维非恒定流圣维南(Saint-Venant)方程组来模拟河流的水流状态,方程组包括连续性方程和动量方程。模型采用明渠不稳定流隐式格式有限差分解,其差分格式采用了六点中心隐式差分格式(Abbott),离散后的线性方程组用追赶法求解[158]。

描述一维非恒定水流运动的基本方程为圣维南方程组:

连续方程:

$$B_s \frac{\partial h}{\partial t} + \frac{\partial Q}{\partial x} = q \tag{5-1}$$

动量方程:

$$\frac{\partial Q}{\partial t} + \frac{\partial}{\partial x}\left(\frac{\alpha Q^2}{A}\right) + gA\frac{\partial h}{\partial x} + g\frac{|Q|Q}{C^2 AR} = 0 \tag{5-2}$$

式中:x、t 分别为空间坐标和时间坐标,m、s;Q、h 分别为断面流量和水位,m^3/s、m;A、R 分别为断面的过水面积和水力半径,m^2、m;B_s 为河宽,m;q 为旁侧入流量,m^3/s;C 为谢才系数;g 为重力加速度,m/s^2;α 为垂向速度分布系数。

HD 模块建模所需文件主要包括以下内容[159]:

(1)流域描述。河网形状,可以是 GIS 数值地图或流域数字化电子图;水工建筑物(河闸、涵洞、坝)和水文测站的位置。

(2)河道。河床断面、间距视研究目标有所不同,原则上应能反映沿程断面的变化。

(3)模型边界。模型边界设在有实测水文观测数据处。

(4)实测水文数据。实测水文站点水位、流量等水文数据主要用于水动力模型的率定和验证。率定验证的时间序列越长,观测数据越丰富,模型就越可靠,越能反映实际河道的水动力情况。

(5)水工建筑物。主要包括堰、闸、涵洞、桥梁等的设计参数及调度运行规则。

5.2.1.2　水质模型

MIKE 11 水质模型选用对流扩散模块(AD 模块),控制方程为一维对流扩散方程,其基本假定是:物质在断面上完全混合,物质守恒或符合一级反应动力学,符合菲克扩散定律,即扩散与浓度梯度成正比,方程为[160]:

$$\frac{\partial Ac}{\partial t} + u\frac{\partial Qc}{\partial x} - \frac{\partial}{\partial x}\left[AD\frac{\partial c}{\partial x}\right] = -AKc + c_2 q \tag{5-3}$$

式中:t 为时间坐标,s;x 为距离坐标,m;c 为物质浓度,mg/L;Q、q 为河道断面和旁侧入流量,m^3/s;D 为河道纵向扩散系数,m/s;K 为污染物线性衰减系数,1/d;A 为河道横断面面积,m;c_2 为污染物源/汇浓度,mg/L。

对流—扩散方程反映了两个物质运移机制:

(1)物质随河道平均流量运动;

(2)河流中存在因物质浓度差而产生的扩散运动。

同时,方程基于以下三点假设:

(1)污染物在河道断面上浓度分布均匀,点源进入河流立即混合均匀;

(2)污染物遵循线性衰减规律;

(3)符合菲克扩散定律。

5.2.2　建立模型

5.2.2.1　水动力模型(HD)

建立研究流域河网水动力模型是建立水质模型的基础,MIKE 11 HD 建立模型的结构如图 5-3 所示。模型包含以下数据文件:

(1)模拟文件(.sim11);

(2)研究区河网文件(.nwk11);

(3)河道断面文件(主河道及主要支流断面.xns11);

(4)河道边界文件(.bnd11),包括上下游水位、流量等时间序列文件(.dfs0);

(5)模型水动力参数(糙率)文件(.hd11)。

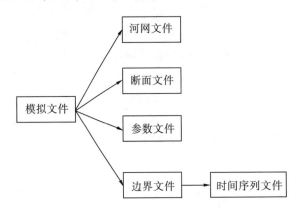

图 5-3　MIKE 11 HD 模型结构

利用 MIKE 11 HD 进行模拟时,需要建立河网、断面、时间序列边界、参数文件、水工建筑物及模拟文件等。

(1)河网文件(.nwk11)。

河长、河道断面采用最新实测数据,河道包括从拖市镇至新沟闸的天门河、汉北河,总长 120.8 km;天门河(万家台—净潭镇)、汈汊湖南支与北支、汈汊湖东干渠等,河流长度共计 156.2 km;从北面汇入汉北河的涢水、大富水长度分别为 14.3 km、24 km。模型中共计 3 个水位计算点和 3 个流量计算点,河网文件、河网概化的生成见图 5-4、图 5-5。

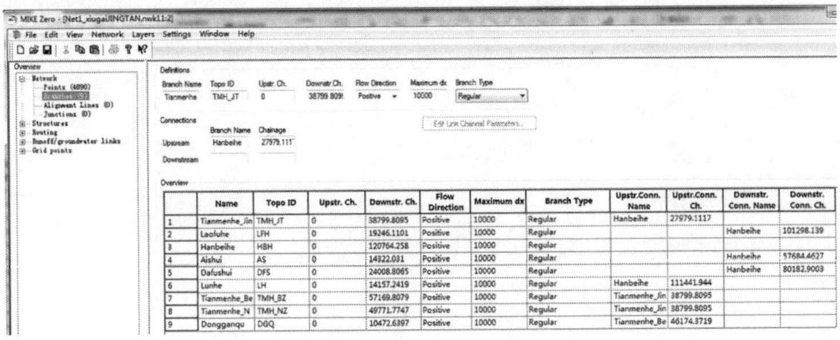

图 5-4　河网文件的生成

(2)断面文件(.xns11)。

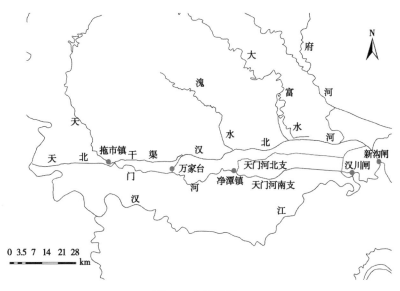

图 5-5　河网概化

图 5-6 断面文件包含了断面形状、断面所在河流和所在位置等信息。考虑工程实际，将断面间距设置为 1 000 m 左右，以此保证计算的稳定性，并在地形变化大或是断面差异大的地方适当增加断面来满足计算的精度。断面文件的生成步骤如下：

①在断面文件编辑器中批量导入断面文件，在表格视窗内生成断面数据，即 X—Z（横向距离—高程）。

②数据输入完毕后，在右侧图像视窗区中直观检查输入的断面是否合理。

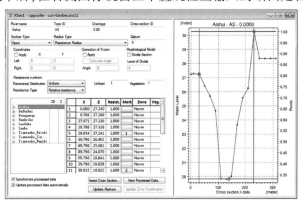

图 5-6　断面文件的生成

（3）时间序列文件（. dfs0）。

MIKE11 模型中的时间序列文件都放在后缀. dfs0 的文件里，其中时间轴类型 Axis Type 选择等时间间隔（Equidistance Calendar Axis）；时间步长为 1 天。时间序列文件（. dfso）中需要引入流量和水位等时间序列，以备其他模块设置调用（见图 5-7、图 5-8）。

（4）边界文件（. bnd11）。

水质模型的边界条件分为外部边界和内部边界条件两部分。

外部边界条件是在流入、流出模型区域的地方，即模拟河段的始、末位置。此边界需要

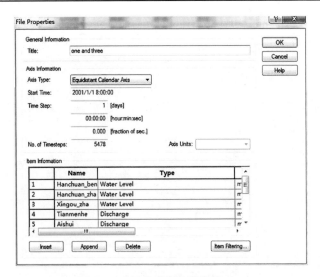

图 5-7　时间序列文件的生成(一)

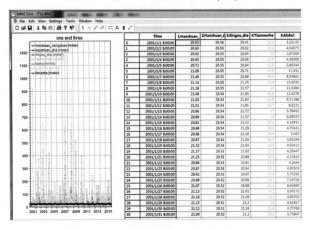

图 5-8　时间序列文件的生成(二)

设置流入和流出的水文条件,如水位及流量等,否则会导致模型无法正常启动或者计算。

内部边界条件是指河道沿程的径流流入、污染源流入和取水点的取水,可按照实际情况设置,内部边界条件虽然不影响模型的启动或计算,但会影响模型计算的精度。在本书中,内部边界的设置内容包括沿程污染点源的位置、排污流量的时间序列等。

本书将水文站实测流量和水位作为模型的开边界,共设置了 3 个流量开边界、3 个水位开边界。河网模型中的开边界见表 5-1。

表 5-1　河网模型中的开边界

河名	边界类型	河段边界	河名	边界类型	河段边界
汉北河	流量	黄潭	汉北河	水位	新沟闸
溾水	流量	皂市	天门河南支	水位	汉川泵站
大富水	流量	应城(二)站	天门河北支	水位	汉川闸

在本书中,模型的边界条件同时包括 HD 和 AD 模块的边界条件,输入内容包括设置

模拟河段的起始位置和重点点源位置的里程数、水位、流量和污染物浓度的时间序列;设置面源的开始里程数、结束里程数和入河污染物量。边界条件文件的生成见图 5-9。

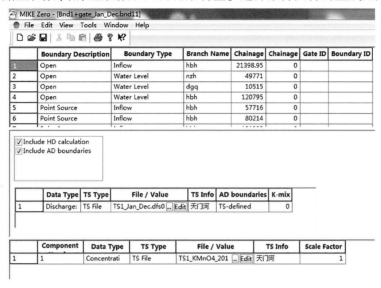

图 5-9　边界条件文件的生成

(5)HD 参数文件(.hd11)。

MIKE 11 模型的参数文件主要包括设定模型的初始条件和河床糙度。

模拟的初始条件是为了模型可以稳定启动,一般要对模型设定初始水位和流量,原则上初始水位和流量等水文条件的设置要与河网实际水文情况一致,初始水位的设定必须不能高于或低于河床,否则可能导致模型不能顺利启动。

水动力模型的参数率定主要考虑的是河道糙率 n。糙率 n 是衡量河床边壁粗糙程度对水流运动影响并进行相应水文分析的一个重要系数,其取值是河道一维数值模拟的关键,糙率 n 取值准确与否直接影响着水动力模型的计算精度[161]。天然河道糙率的确定很复杂,与很多因素有关,如河床沙、砾石粒径的大小和组成,河道断面形状的不规则性,河道的弯曲程度,沙地上的草木,河槽的冲积及河道中设置的人工建筑物等[159]。

参数文件的生成如图 5-10 所示。

(6)模拟文件(.sim11)。

模拟文件集合了模型的各个文件信息,并设定模拟时间步长和结果输出途径等。其中时间步长的确定需要反复调试,原则上调试至满足克朗数小于 10 为止(HD 水动力学模型对克朗数要求不高,一般小于 10,模型即会稳定计算)。模块耦合、模拟参数的设置及模拟文件的生成如图 5-11 所示。

考虑模型计算稳定性与计算时间的要求,时间步长设定为 4 h,河道断面平均间距为1 315 m,率定时间分别选定 2001 年 1 月 1 日至 12 月 31 日与 2015 年 1 月 1 日至 12 月 31日,分别共计 365 天。先假定一个糙率值计算水位,然后通过不断调整河道各段糙率值,使监测点的水位计算值与观测值差值逐渐缩小,水位过程线充分吻合。河网内边界初始水位、流量设置情况见表 5-2。

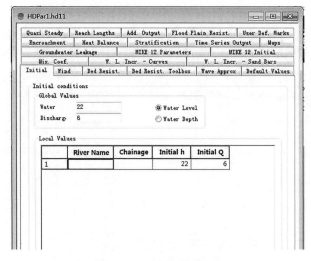

图 5-10 参数文件的生成

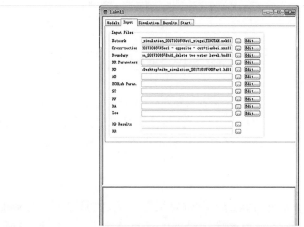

(a) 文件输入界面

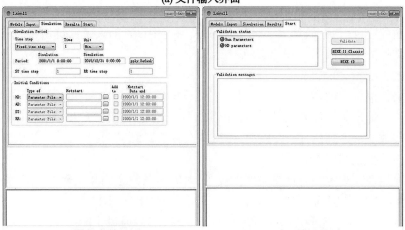

(b)模拟参数界面　　　　　　　　　(c)启动模拟界面

图 5-11 模块耦合、模拟参数的设置及模拟文件的生成

表 5-2　河网内边界初始水位、流量设置情况

河段	黄潭	皂市	应城(二)站	新沟闸	汉川泵站	汉川闸
水位(m)	23.86	25.55	22.35	20.41	20.65	20.56
流量(m³/s)	14.3	3.2	8.16	0	0	0

(7)水工建筑物。

水工建筑物主要包括堰、闸、涵洞、桥梁等。可通过 MIKE 11 的河网编辑器模拟建筑物运行对水动力的影响,研究其对控制水体流动的影响作用。

本书河网范围内主要有两个闸门进行水资源调控,包括天门船闸与民乐闸。基于两个闸门的实际规格及开闭闸的规则,在前述生成的河网文件中进行闸门设定,如图 5-12 所示。

图 5-12　闸门开闭规则文件的生成

5.2.2.2　对流扩散模块(AD)

对流扩散模块(AD)用于模拟物质在河道中的对流扩散过程,包括设置模拟的水质参数、纵向扩散系数、初始条件、衰减系数和边界条件等。本文研究步骤如下[162]。

1. 水质参数

研究中设置模拟的水质参数为高锰酸盐指数。

2. 纵向扩散系数

研究中纵向扩散系数参数取值过程包括如下三个步骤:

(1)根据汉北流域水文资料分析河网的水文特征,分析扩散作用的影响,发现汉北流域河网的扩散作用相对较弱。

(2)对比文献资料,总结国内河流的纵向扩散系数取值,初步确定汉北流域干流的纵向扩散系数可能为 $5 \sim 20$ m²/s。表 5-3 为国内部分河流纵向扩散系数的取值。

(3)采用 2015 年断面的实测水质数据率定参数,最终得到纵向扩散系数应取为 8 m²/s。

3. 初始条件

AD 模块的初始条件以观测值设定,并输入对应的河段名和里程。

4. 衰减系数

参考国内部分河流的综合衰减系数取值,如表 5-4 所示,在设置汉北流域各区段综合衰减系数时,高锰酸盐指数衰减系数的初始值为 0.04。

表 5-3　国内部分河流纵向扩散系数的取值

序号	范围	纵向扩散系数(m²/s)
1	太湖流域[163]	8
2	梁滩河流域[164]	10
3	东苕溪[165]	2.5
4	赣江万安段[166]	15
5	晋江流域[167]	小溪:1~5;河流:5~20
6	沙颍河[168]	0.5
7	江苏省沂沭泗水系[169]	1~10
8	南水北调中线京石段[170]	15~20
9	浑河流域沈阳段[171-172]	5、10
10	一般河流及水库[173]	5~8
11	双台子河口[174]	10~450

表 5-4　国内部分河流综合衰减系数的取值

序号	范围	COD$_{Mn}$(d^{-1})	均值(d^{-1})
1	洪河[175]	0.077~0.114	0.095 4
2	淮河干流(鲁台子至田家庵河段)[176]	0.068~0.139	0.104
3	沙颍河[177]	0.09~0.13	0.11
4	淮河干流、支流[178]	0.18~0.21	0.195
5	涡河[179]	0.08~0.26	0.17
6	史灌河、浕河[179]	0.3	0.3
7	佛山良安片区水系[180]	0.2	0.2

用 2017 年 8 月、11 月的水质数据(见表 5-5)进行率定,经过反复调试参数值,最终确定所有的参数取值[181]。

汉北流域河流水质监测断面区位如图 5-13 所示,河流水质监测断面主要分布在天门河、汉北河、汈汊湖北支、汈汊湖南支、滠水、大富水河流上。

表 5-5　河流断面水质监测成果

编号	位置	监测断面类型	COD_{Mn}（mg/L）		COD_{Cr}（mg/L）	
			2017 年 8 月	2017 年 11 月	2017 年 8 月	2017 年 11 月
1	杨峰村	水功能区	3.02	25	3.3	22
2	永隆	水功能区	4.25	36	3.8	15
3	掩市	水功能区	2.76	18	6.8	15
4	黄潭	水功能区	2.40	18	2.8	13
5	天门	水源地	4.12	7	3.1	21
6	卢市	水源地	2.55	20	2.9	15
7	肖山	水功能区	3.38	19	3.2	17
8	麻河镇	水功能区	6.12	17	3.1	15
9	五湖村	其他	4.86	6	3.6	19
10	新沟闸上	其他	5.42	16	5.8	23
11	天门船闸上	水功能区	5.09	6	6.7	39
12	小板	其他	4.09	14	8.8	36
13	净潭	其他	4.16	26	7.4	26
14	方家村	水功能区	4.30	5	5.6	20
15	民乐闸	其他	4.84	8	3.6	14
16	韩集	其他	3.40	1	4.3	11
17	汉川闸	其他	3.16	2	5.2	21
18	邓李场	其他	3.86	19	3.3	17
19	皂市	水功能区	3.73	15	3.7	16
20	渔农村	水功能区	2.80	14	4.4	32
21	古城村	其他	4.13	26	2.7	12
22	喻家村	其他	4.28	19	4.5	11
23	应城	其他	4.58	24	5.0	20

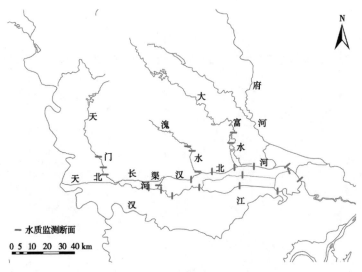

图 5-13 水质监测断面区位

5. 边界条件

在设置水动力模块的边界条件时,必须同时设置水质边界,对流扩散模块(AD)中的水质边界可以添加在水动力模块(HD)的边界上。外部边界必须设置全部的水质模拟组分,但内部边界可以不设置全部的水质模拟组分,只需要设置部分的水质模拟组分即可。

对流扩散模块的编辑器见图 5-14。

图 5-14 对流扩散模块的编辑器

首先,进入 Component(组分)界面,行数就是要模拟的组分数。各行输入需模拟的组分名称(可以是任何的字符或数字),浓度单位一般选 mg/L,Type 选 Normal。

其次,定义扩散系数,扩散系数是率定参数,根据经验确定,模型的扩散系数值 D 通过以下公式计算:

$$D = av^b \tag{5-4}$$

式中:v 为流速,来自 HD 计算结果;a、b 为系数。

a、b 分别在扩散系数界面的第一行和第二行输入;第三行和第四行是最小和最大扩散系数值,如果根据式(5-4)计算出来的值超出此范围,则取最大值或最小值。

再次,定义初始条件,在初始条件界面 Init. Cond. 中输入各组分的初始浓度值,组分名从下拉菜单内选择,"Global"前打勾表明该初始条件是全域值;不打勾表明是局部值,应在后面的列内输入河段名和里程数。

最后,对物质组分定义合适的衰减系数。

完成以上设置后,将水质数据文件生成 time series 文件,导入水动力模拟生成的 boundary 文件,进行模拟。

5.2.3 结果提取

MIKE View 是演示和提取模拟计算结果的模块。

MIKE View 的编辑器见图 5-15。

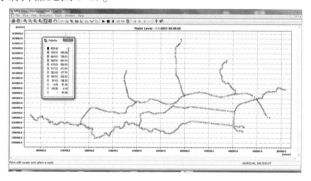

图 5-15 MIKE View 的编辑器

5.2.4 模型的参数及率定

5.2.4.1 水动力模块(HD)

水动力模型率定的主要参数是河道糙率,即曼宁系数。河道糙率与河道形态、河床粗糙情况、河道弯曲程度、水位高低、河槽的冲击及河道上人工构筑物等因素有关[182]。基于现已收集到的水文、水质数据,选择 2001 年、2015 年的流量过程进行模型率定,模拟步长为 4 h。为提高模型的模拟精度,针对不同河流河道的水力特性,分别对天门河、汉北河、汈汊湖南北支、漼水、大富水及东干渠的参数进行率定。不同河流河道的曼宁系数见表 5-6。

表 5-6 不同河流河道的曼宁系数

河流	天门河	汉北河	汈汊湖南支	汈汊湖北支	漼水	大富水
曼宁系数	0.03	0.028/0.035/0.038	0.03	0.03	0.03	0.03

以观测值率定水动力模型,并用相对误差 Re、相关系数 R^2 和 Nash-Suttcliffe 系数 Ens,对拟合结果进行评价,来验证模型的可靠性[183]。Nash-Suttcliffe 系数 Ens 的取值范围是 $(-\infty, 1)$,Ens 越靠近 1,证明模拟值与观测值越靠近。一般认为,$R^2 \geqslant 0.6$,$Ens \geqslant 0.5$ 时,模型的模拟结果是可以接受的[184]。河网水动力模拟完成后,以 2001 年、2015 年模拟情况为例,利用天门水文站、汉北河民乐闸水文站的水文数据进行模型可靠性验证。

图 5-16 分别为天门水文站与汉北河民乐闸水文站 2001 年、2015 年模拟水位与观测水位的比较情况。对水位模拟值与观测值进行分析发现,应用 MIKE 11 建立的水动力学模型的精度较高,模拟值和观测值整体拟合较好。2001 年,天门水文站、汉北河民乐闸水文站模拟水位值的平均绝对误差为 0.09 m、0.037 m,平均相对误差 Re 为 0.005%、0.002%,相关系数 R^2 为 0.966、0.995,Nash-Suttcliffe 系数 Ens 为 0.937、0.994;2015 年,天门水文站、汉北河民乐闸水文站模拟水位值的平均绝对误差为 0.14 m、0.1 m,平均相对误差 Re 为 0.006%、0.005%,相关系数 R^2 为 0.966、0.99,Nash-Suttcliffe 系数 Ens 为 0.957、0.987。分析不同年份、不同水文站点的模拟结果:2001 年的模拟结果精度优于 2015 年,汉北河民乐闸水文站模拟结果精度优于天门水文站。其原因在于 2015 年大富水径流数据部分时间缺测,从而导致相应时段的模拟值出现较大误差,同时近年来人为干扰对河流的影响越来越重,河流水势变化更加复杂,增加了模拟的难度。

综上所述,通过两个水文站水文观测数据与模拟值比较,利用 MIKE 11 建模进行汉北流域河流水位、流量的模拟效果较为理想,可较准确地反映汉北流域各河流的实际水动力变化过程。

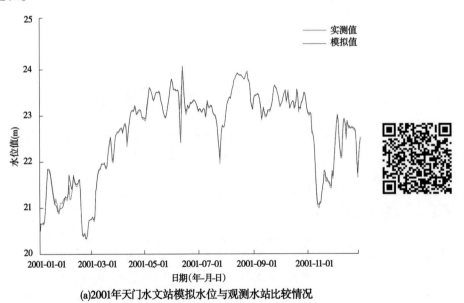

(a)2001年天门水文站模拟水位与观测水站比较情况

图 5-16　汉北河民乐闸、天门水文站水位模拟值与观测值对比

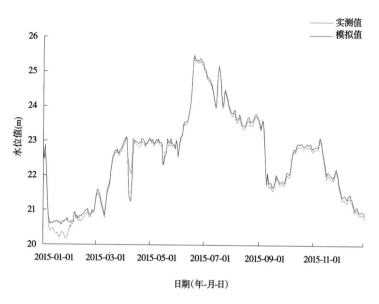

(b)2015年天门水文站模拟水位与观测水位比较情况

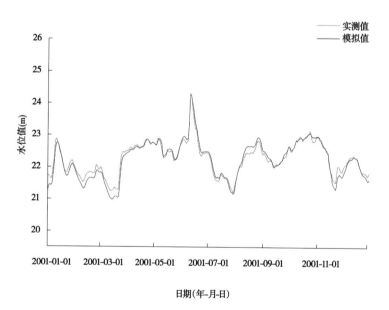

(c)2001年汉北河民乐闸水文站模拟水位与观测水位比较情况

续图 5-16

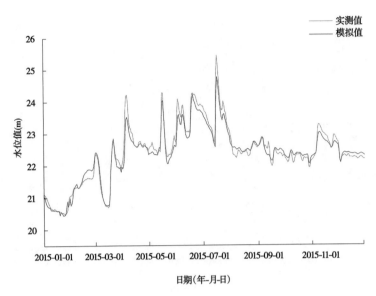

(d)2015年汉北河民乐闸水位站模拟水位与观测水位比较情况

续图 5-16

5.2.4.2　对流扩散模块(AD)

以上对汉北流域河流水质从时间、空间上进行了分析,了解了河流水质分布、变化情况,以下利用 MIKE 软件对河流的水质进行模拟分析。

MIKE 软件的 AD 模块需要率定的参数为污染物衰减系数和纵向扩散系数。经率定,模型纵向扩散系数取 8 m^2/s,COD_{Mn} 在汉北流域的综合衰减系数取值 0.15。

综合考虑河网水系分布、污染物汇集情况,选择天门河万家台、天门船闸、漍水与汉北河交汇处、大富水与汉北河交汇处、老府河与汉北河交汇处、新沟闸、汉川闸及汉川泵站等处河流断面 2017 年、2018 年 COD_{Mn} 实测值进行河网水质模拟,并利用小板镇(天门河)、净潭(天门河分流前段)、韩集(汈汊湖南支)、方家村(汈汊湖北支)、民乐闸及五湖村(汉北河下游)等处断面实测值对模拟值进行验证,模拟及验证断面位置如图 5-17 所示。

对上述断面进行水质模拟、验证,结果如图 5-18~图 5-20 所示,模拟结果显示汉北流域内,河流 COD_{Mn} 浓度顺序为:天门河>汈汊湖北支>大富水>漍水>汈汊湖南支>汉北河。

如图 5-21 所示,对小板镇、净潭镇、五湖村、韩集、方家村及民乐闸等处河流断面水质模拟值与观测值进行对比分析,除小板镇断面模拟结果不太理想外,其余断面模拟效果较好。

模拟值与观测值的误差如表 5-7 所示。结果显示,2017 年 8 月 1 日的水质模拟值与实测值的相对误差除小板镇断面外,其余均在 10%误差范围内,2017 年 11 月 16 日的模拟结果差于 2017 年 8 月 1 日的,其相对误差均在 10%左右,而小板镇的相对误差最大,达到了 13.6%。

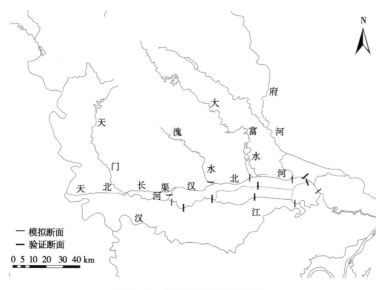

图 5-17　模拟及验证断面位置

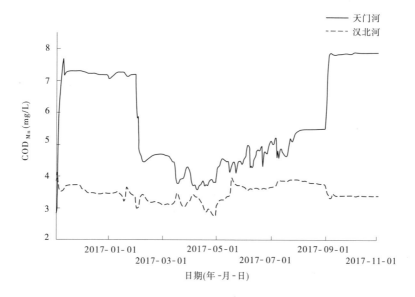

图 5-18　天门河、汉北河 COD_{Mn} 模拟结果

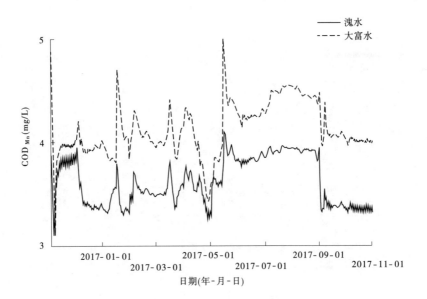

图 5-19　溹水、大富水 COD_{Mn} 模拟结果

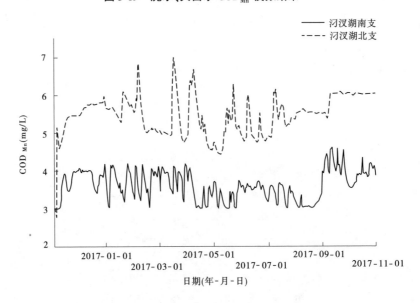

图 5-20　汈汊湖北支、南支 COD_{Mn} 模拟结果

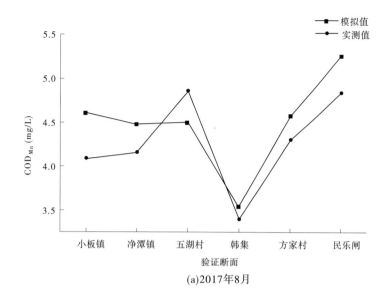

(a)2017年8月

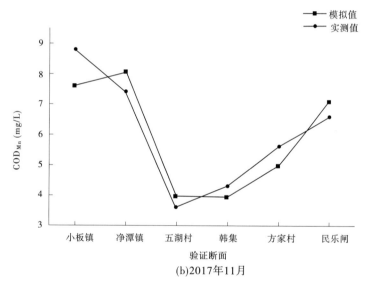

(b)2017年11月

图 5-21　COD_{Mn} 模拟值与实测值比较

表 5-7　COD_{Mn} 模拟值与实测值的误差

断面	2017 年 8 月 1 日			2017 年 11 月 16 日		
	模拟值(mg/L)	实测值(mg/L)	相对误差(%)	模拟值(mg/L)	实测值(mg/L)	相对误差(%)
小板镇	4.61	4.09	12.8	7.61	8.8	13.6
净潭镇	4.49	4.16	7.8	8.08	7.4	9.1
五湖村	4.51	4.86	7.3	3.98	3.6	10.5
韩集	3.55	3.40	4.3	3.96	4.3	7.9

续表 5-7

断面	2017 年 8 月 1 日			2017 年 11 月 16 日		
	模拟值（mg/L）	实测值（mg/L）	相对误差（%）	模拟值（mg/L）	实测值（mg/L）	相对误差（%）
方家村	4.58	4.30	6.5	4.99	5.6	10.8
民乐闸	5.26	4.84	8.7	7.09	6.6	7.5

如图 5-22、表 5-8 为汉北流域各河流 1～12 月 COD_{Mn}，基于水文站实测流量数据、DTVGM 与 MIKE 11 模拟流量数据，结合河流水质模拟数据分析污染物在汉北流域的分布情况，计算水环境恢复需水量。

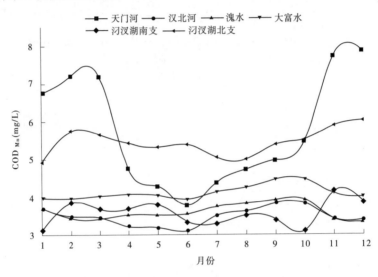

图 5-22　河网不同断面 1~12 月 COD_{Mn}

表 5-8　河网不同断面 1~12 月 COD_{Mn}

水质断面	逐月 COD_{Mn}（mg/L）											
	1 月	2 月	3 月	4 月	5 月	6 月	7 月	8 月	9 月	10 月	11 月	12 月
天门河	6.8	7.2	7.2	4.8	4.3	3.8	4.4	4.7	5.0	5.5	7.7	7.9
汉北河	3.7	3.5	3.5	3.2	3.2	3.1	3.5	3.6	3.8	3.8	3.4	3.4
滶水	3.7	3.4	3.4	3.5	3.5	3.6	3.8	3.8	3.9	3.9	3.4	3.4
大富水	4.0	4.0	4.0	4.1	4.1	4.0	4.1	4.3	4.5	4.5	4.1	4.0
汈汊湖南支	3.1	3.9	3.7	3.7	3.8	3.4	3.3	3.5	3.4	3.1	4.1	3.9
汈汊湖北支	4.9	5.8	5.7	5.4	5.3	5.4	5.1	5.0	5.4	5.5	5.9	6.0

由图 5-22 可见，1～12 月汉北流域各河流 COD_{Mn} 波动趋势明显，其中天门河波动幅度尤其大，人为干扰、季节变化对河流水质的影响较为明显。

如表 5-8 所示,汉北流域范围内各河流、不同月份 COD_{Mn} 差异较大。根据《地表水环境质量标准》(GB 3838—2002),天门河、汈汊湖北支水质较差,属于Ⅲ、Ⅳ类水体,大富水、汈汊湖南支属于Ⅱ类、Ⅲ类水体,溾水、汉北河水质好于前几条河流,基本属于Ⅱ类水体。

5.3　现状纳污和目标控制水平下水环境恢复需水量

现状纳污水平下,水环境恢复需水量是指研究河网在现状纳污状况下,稀释污染物使河网水质满足功能要求的水量。这里所指的现状即指 2017 年排污口、支流污染物进入汉北流域污染物实测量。目标控制水平是国家环保政策能完全落实的一种理想状态,是指研究河段所纳污染源达标排放,支流汇入满足水质要求,在这种理想状态下,稀释汉北流域污染物使河段水质满足功能要求的水量。

5.3.1　现状纳污水平下纳污量

基于实测与 MIKE 11 模拟水质数据计算汉北流域河流现状纳污量,对流域纳污特点进行分析计算,研究河网现状纳污量见表 5-9。

表 5-9　研究河网现状纳污量

河流	河流长度(km)	COD_{Mn}(t/a)
天门河	66.8	8 283.05
汉北河	92.8	2 175.46
溾水	14.3	1 387.43
大富水	24.0	4 189.25
汈汊湖北支	56.7	1 971.87
汈汊湖南支	49.8	1 027.44
合计		19 034.50

5.3.2　基于水功能分区的水环境目标控制水平

根据湖北省水功能区划,汉北流域各河流水质按功能区划水质目标控制,目标控制水平下汉北流域主要河流水质目标见表 5-10。基于各河流、河段的水质目标与污染物控制浓度及河流水量信息,可以计算目标控制水平下的河流污染物的量。由表 5-10 可见,水质目标的浓度值均为范围值,将水质目标浓度范围最小值与最大值对应的需水量作为其水环境恢复需水量的上限与下限。

表 5-10　目标控制水平下汉北流域主要河流水质目标

河流	河段	水质目标	控制浓度(mg/L)
天门河	拖市镇—黄潭镇	Ⅲ	4~6
	黄潭镇—万家台	Ⅲ	4~6
	老天门河	Ⅲ	4~6
汉北河	万家台—卢市镇	Ⅱ	2~4
	卢市镇—新沟镇	Ⅲ	4~6
汈汊湖水系	汈汊湖北支	Ⅲ	4~6
	汈汊湖南支	Ⅲ	4~6
溾水	皂市—汉北河	Ⅲ	4~6
大富水	应城—汉北河	Ⅲ	4~6

5.3.3　水环境恢复需水量计算与分析

在现状排污状态下,依据前述的计算思路和率定的模型,计算得出研究河网内生态流量考察断面的流量及相应水质。若汉北流域水体的污染物背景值为 C,则水体污染物负荷 W 计算公式为:

$$W = Q_1C_1 + Q_2C_2 + \cdots + Q_iC_i \tag{5-5}$$

式中:Q_i 为各河流(断面)的径流量;C_i 为各河流(断面)的污染物浓度;W 为河网污染物负荷量。

若要通过外来引水增加汉北流域水量、降低污染物浓度,则引水后河网污染物浓度 C_{ap} 计算公式为:

$$C_{ap} = \frac{Q_pC_p + Q_oC_o}{Q_pQ_o} \tag{5-6}$$

式中:Q_o、C_o 分别为河网现状水量与污染物浓度;Q_p、C_p 分别为计划引水水量与污染物浓度。

根据《地表水环境质量标准》(GB 3838—2002),河流中 COD_{Mn} 浓度为 2~4 mg/L、4~6 mg/L 即可达到Ⅱ类、Ⅲ类水标准,基于表 5-10 确定不同河流的水质目标值,计算汉北流域水环境恢复至此标准值的水环境恢复需水量。根据式(5-6),引水量 Q_p 计算公式为:

$$Q_p = \frac{Q_oC_o}{0.2Q_o - C_p} \tag{5-7}$$

因此,基于汉北流域各河流水质现状,以表 5-10 河流水质目标控制浓度作为河流的目标水质,拟从罗汉寺闸引水(基于实测水质数据,汉江罗汉寺闸处 COD_{Mn} 浓度约为 2.2 mg/L),进行水环境恢复需水量计算,如表 5-11 所示。计算结果显示,天门河水质较差,如需达到水质目标下限(6 mg/L)需要 1.6 亿 m³,其余河流水质相对较好,可满足各河流水质目标的下限要求,即水环境恢复需水量为 0;如需满足各河流的水质目标的上限,天门河、汈汊湖北支与大富水年水环境恢复需水总量分别为 7.83 亿 m³、2.79 亿 m³、0.29 亿 m³，汉北河、溾水、汈汊湖南支水质相对较好，可满足水质目标上限。汉北流域共计水环境恢复需水量下限为 1.6 亿 m³，上限为 10.91 亿 m³。

汉北流域各河流生态需水空间分布如图 5-23、图 5-24 所示，逐月最小、适宜水环境恢复需水量如表 5-11、表 5-12 所示。

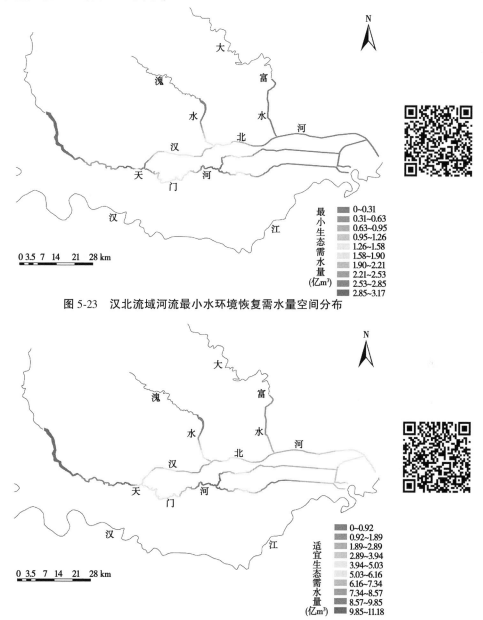

图 5-23 汉北流域河流最小水环境恢复需水量空间分布

图 5-24 汉北流域河流适宜水环境恢复需水量空间分布

表 5-11 各河流水环境恢复最小生态需水量

逐月水环境恢复生态需水量 (单位:亿 m³)

河流	1月	2月	3月	4月	5月	6月	7月	8月	9月	10月	11月	12月	年需水量
天门河	0.07	0.11	0.18	0	0	0	0	0	0	0.01	0.72	0.50	1.59
汉北河	0	0	0	0	0	0	0	0	0	0	0	0	0
汈汊湖北支	0	0	0	0	0	0	0	0	0	0	0	0	0
汈汊湖南支	0	0	0	0	0	0	0	0	0	0	0	0	0
溾水	0	0	0	0	0	0	0	0	0	0	0	0	0
大富水	0	0	0	0	0	0	0	0	0	0	0	0	0
月需水量	0.07	0.11	0.18	0	0	0	0	0	0	0.01	0.72	0.50	1.59

表 5-12 各河流水环境恢复适宜生态需水量

逐月水环境恢复生态需水量 (单位:亿 m³)

河流	1月	2月	3月	4月	5月	6月	7月	8月	9月	10月	11月	12月	年需水量
天门河	0.26	0.38	0.64	0.38	0.18	0	0.28	0.59	0.75	0.65	2.24	1.50	7.85
汉北河	0	0	0	0	0	0	0	0	0	0	0	0	0
汈汊湖北支	0.03	0.07	0.11	0.23	0.26	0.41	0.24	0.26	0.34	0.22	0.37	0.25	2.79
汈汊湖南支	0	0	0	0	0	0	0	0	0	0	0	0	0
溾水	0	0	0	0	0	0	0	0	0	0	0	0	0
大富水	0	0	0.01	0.01	0.01	0	0.01	0.03	0.14	0.07	0.02	0	0.30
月需水量	0.29	0.45	0.76	0.62	0.45	0.41	0.53	0.88	1.23	0.94	2.63	1.75	10.94

5.4　截污控污条件下的生态需水计算

根据《一江三河水系连通工程规划》项目对研究流域污染物削减量的计算,基于对产业结构调整、施工工艺优化及绿色发展等的要求,汉北流域地区各河流在 2025 年将对 COD_{Mn} 实现较大幅度截污控污,各河流污染物削减目标可达如表 5-13 所示的统计结果。

表 5-13　汉北流域 2025 年污染物削减比例统计

河流	河段	截污控污比例(%)
天门河	拖市镇—黄潭镇	42.6
	黄潭镇—万家台	39.8
	老天门河	39.2
汉北河	万家台—卢市镇	34.9
	卢市镇—新沟镇	34.9
汈汊湖水系	汈汊湖北支	36.4
	汈汊湖南支	36.4
溾水	皂市—汉北河	34.9
大富水	应城—汉北河	34.9

模拟 2025 年实现表 5-13 截污控污比例后的河流水量、水质情况,进行水环境恢复需水计算(见表 5-14、表 5-15),结果显示,汉北河、汈汊湖北支、汈汊湖南支、溾水与大富水水质均可满足水质目标上限要求,不需外引水量进行水环境恢复;天门河水质可满足水质目标下限要求,不能满足上限要求,年水环境恢复需水量为 0.72 亿 m^3。因此,在 2025 年实现截污控污目标情况下,满足汉北流域水质目标下限的水环境恢复需水量为 0,满足水质目标上限的水环境恢复需水量为 0.72 亿 m^3,汉北流域环境生态需水量有大幅度下降。

表 5-14 2025 年各河流水环境恢复最小生态需水量

逐月水环境恢复生态需水量 （单位：亿 m³）

河流	1 月	2 月	3 月	4 月	5 月	6 月	7 月	8 月	9 月	10 月	11 月	12 月	年需水量
天门河	0	0	0	0	0	0	0	0	0	0	0	0	0
汉北河	0	0	0	0	0	0	0	0	0	0	0	0	0
汈汊湖北支	0	0	0	0	0	0	0	0	0	0	0	0	0
汈汊湖南支	0	0	0	0	0	0	0	0	0	0	0	0	0
溾水	0	0	0	0	0	0	0	0	0	0	0	0	0
大富水	0	0	0	0	0	0	0	0	0	0	0	0	0
月需水量	0	0	0	0	0	0	0	0	0	0	0	0	0

表 5-15 2025 年各河流水环境恢复适宜生态需水量

逐月水环境恢复生态需水量 （单位：亿 m³）

河流	1 月	2 月	3 月	4 月	5 月	6 月	7 月	8 月	9 月	10 月	11 月	12 月	年需水量
天门河	0	0.03	0.06	0	0	0	0	0	0	0	0.36	0.27	0.72
汉北河	0	0	0	0	0	0	0	0	0	0	0	0	0
汈汊湖北支	0	0	0	0	0	0	0	0	0	0	0	0	0
汈汊湖南支	0	0	0	0	0	0	0	0	0	0	0	0	0
溾水	0	0	0	0	0	0	0	0	0	0	0	0	0
大富水	0	0	0	0	0	0	0	0	0	0	0	0	0
月需水量	0	0.03	0.06	0	0	0	0	0	0	0	0.36	0.27	0.72

第 6 章　生态需水联合研究与适宜性评价

6.1　水量—水质联合生态需水研究

水量、水质是构成水资源的要素,生态需水是水量与水质的统一体,同时满足以上两因素才能实现满足河流生态系统的需求。前面章节已经分别基于水量、水质计算了汉北流域的生态需水量,通过对水量、水质生态需水量计算结果进行联合分析,得出综合条件下的生态需水量更具有综合性、完整性及可持续性。

水资源的可持续性是经济社会可持续发展的核心特征,也是维持生态系统良性循环的最基本的要求。因此,计算生态需水时,必须遵循可持续性原则,将水资源的数量和质量限制在不影响水生态环境的限值之内,既注重水资源的合理开发利用,又要兼顾水资源的保护与治理,如此才能实现水资源生态经济系统的正常运转[185]。

第 4 章、第 5 章的分析结果表明,汉北流域各河流具有显著的水量和水质变化特征。在河流水环境系统中,水量是水质变化中的重要影响因素,水文条件发生变化,河流的污染物浓度也会发生相应改变。因此,有必要将河流的水量变化对水质的影响联合到水质约束条件中。本书基于维持水循环与恢复水环境的生态需水计算结果,将水量、水质作为生态需水量优化的约束条件,优化水量—水质联合分析的生态需水量计算结果[186]。

6.1.1　联合需水研究原则

适宜生态需水量是指维系汉北流域水生态系统良性循环的较佳水量,此时系统状态较理想,能够发挥较好的生态环境功能。在此状态下,汉北流域生态系统的恢复目标为:一是汉北流域满足水循环用水需求,要同时满足河道自需流量用水量与社会用水量;二是汉北流域水环境满足水功能目标要求,水环境质量有明显改善。

最小生态需水量是指维持系统生存所需的最低水量或底限阈值,若低于该水量,系统会发生退化。对汉北流域来说,最小生态环境水量也是为了防止河道水体断流,维持河道水流循环的最小流量。

水循环生态需水量和水环境需水量联合原则如下:

(1)全河段综合考虑:重要水文断面流量整合时,要考虑上下断面之间流量的匹配性、水流演进等多种因素,经综合优化后给出。

(2)不考虑社会用水量外的水量损失:汉北流域水系复杂,本书关注的是生态基流,对流域内因蒸发、渗漏等水量损失未予考虑。

(3)水质保证优先:水质改善是河流生态系统恢复的首要目标,只有良好水质保证的水资源才能满足河流其他的生态功能和经济功能。

(4)水资源可调控性:汉北流域已建的水利枢纽、闸站较多,且水系纵横交错,河流水体具有一定的连通性,在水量联合时不但考虑水流的上下传递,同时考虑不同水体间的可调节控制。

6.1.2　各河流推荐水量

根据上述联合原则,考虑汉北流域自然—社会水循环过程与河流水环境恢复需求,给出汉北流域 6 条主要干流的水循环生态需水量、水环境恢复需水量,并联合计算综合条件下的生态需水量,联合计算结果见表 6-1。

表 6-1　基于水循环和水环境恢复的生态需水量联合计算结果

河流	维持水循环(亿 m³)			水环境恢复(亿 m³)			联合需水(亿 m³)		
	生态需水		生态补水	生态需水		生态补水	生态需水		生态补水
	最小	适宜		最小	适宜		最小	适宜	
天门河	1.45	5.45	0	1.6	7.83	1.60~7.83	1.60	7.83	1.60~7.83
汉北河	0.85	2.65	0	0	0	0	0.85	2.65	0
汈汊湖北支	0.47	1.83	0	0	2.79	0~2.79	0.47	2.79	0~2.79
汈汊湖南支	0.32	1.1	0	0	0	0	0.32	1.10	0
溾水	0.25	0.91	0	0	0	0	0.25	0.91	0
大富水	0.44	1.51	0	0	0.29	0~0.29	0.44	1.51	0~0.29
合计	3.78	13.45	0	1.6	10.91	1.60~10.91	3.93	16.79	1.60~10.91

最终,本书确定汉北流域生态需水量结果如下:

将维持水循环生态需水量与水环境恢复需水量计算结果进行联合计算,结果显示,目前河流水量可满足维持水循环的生态需水量,不需外引水量进行生态补水;不同于维持水循环生态需水,水环境恢复需水量即为其对应的生态补水量。因此,满足河流水质目标的下限,天门河需生态补水量为 1.6 亿 m³,其余河流不需生态补水,满足河流水质目标的上限,天门河、汈汊湖北支与大富水分别需生态补水量为 7.83 亿 m³、2.79 亿 m³、0.29 亿 m³,溾水不需要生态补水。因此,汉北流域最小、适宜生态补水量分别为 1.6 亿 m³、10.91 亿 m³。

对维持水循环生态需水量与水环境恢复需水量计算结果进行联合分析,结果显示,取水环境恢复需水量计算结果即可满足两者的需求。因此,考虑水量、水质条件下的生态补水量结果为:天门河进行生态补水 1.6 亿 m³,即可满足汉北流域最小生态补水需求;天门河、汈汊湖北支与大富水生态补水量分别为 7.83 亿 m³、2.79 亿 m³、0.29 亿 m³,即可满足汉北流域适宜生态补水需求,汉北流域最小、适宜生态补水量分别为 1.6 亿 m³、10.91 亿 m³。

汉北流域现有水量可满足维持水循环的最小、适宜生态需水量,而距离满足水环境需水量还有一定的距离。可见汉北流域地区水环境问题非常严峻,水质型缺水现象较为凸显。因此,在通过外引水量满足流域水循环的条件下,同时还要改善流域水环境,不仅可以减小从外部引入水资源的压力,还能实现河流水资源、水环境可持续性发展。

6.2　生态需水"量"与"质"评价体系

生态适宜性理论定义为:某一特定生态环境对某一特定生物群落所提供的生存空间的大小及对其正向演替的适宜程度。本书中,将水的"量"与"质"达标程度定义为生态需水适宜性,任何河流的生态需水都要受到流域水资源、水环境条件的制约和限制,并存在一定的需水梯度范围内。

从水量、水质两方面计算了汉北流域生态需水量,现从"量"与"质"两方面进行生态需水评价。

6.2.1　生态需水"量"的评价方法

在水资源总量不变的情况下,如果将某流域的地表水资源总量当作一个整体,按照水量平衡原理,有以下平衡关系:

$$Q_e = Q_r - Q_t \tag{6-1}$$

式中:Q_e 为水循环下的生态需水量,m^3;Q_r 为地表径流量,m^3;Q_t 为用水量,m^3。

令水资源开发利用率 $K = \dfrac{Q_t}{Q_r}$,如果生态需水比例用 E_e 表示,则生态需水比例为:

$$E_e = 1 - K = 1 - \frac{Q_t}{Q_r} \tag{6-2}$$

基于式(6-2)可以看出,随着水资源开发利用率的提高,生态需水的比例逐渐下降,且与耗水率有着密切的关系,即在相同的水资源开发利用率下,耗水率越大,生态需水的比例越小;反之亦然。能够使生态需水在"量"上得以满足的条件是:在水资源开发利用率一定的情况下,要求耗水率必须低于某一阈值,或者在耗水率一定的情况下,水资源开发利用率不能超出一定的限度[67]。在水资源开发利用率与耗水率已知的情况下,通过式(6-2)可以评价生态需水量状况。

6.2.2　生态需水"质"的评价方法

采用河流的水质综合污染指数作为河流水质的评价指标[68]。综合污染指数是评价水环境质量的一种重要方法,通常选取某因子用于水环境质量评价,本书以 COD 因子对汉北流域各河流的水环境质量进行评价,即:

$$\begin{cases} P = \dfrac{1}{n} \sum_{i=1}^{n} P_i \\ P_i = \dfrac{c_i}{c_o} \end{cases} \tag{6-3}$$

式中:P 为河流的水质综合污染指数;P_i 为第 i 断面水质污染综合指数;n 为河流参与评价的断面总数;c_i 为第 i 断面污染物的年平均浓度值;c_o 为污染物的评价标准值。

式(6-3)可以作为定量评价生态需水水质的公式。计算汉北流域各河流各断面的污染指数,确定河流水质,并与目标水质进行比较,从而完成生态需水水质的评价。

6.2.3　生态需水"量"与"质"的综合评价

对于生态需水的"量"与"质"的评价,必须同时满足以下两个条件:

(1)生态需水的比例高于规定的标准,依据国际地表水资源开发利用的极限,并参考 Tennant 推荐的满足鱼类及生物栖息地的流量百分比及其等级[12],设定 $E_e \geqslant 60\%$。

(2)河流的水质综合污染指数(P)以常数 1 为分界线,当 $P>1$ 时,表示河流污染物浓度高于污染物的评价标准值,即水质不达标;反之,当 $P<1$ 时,表示河流污染物浓度低于污染物的评价标准值,即水质达标。本书以 COD 为指标,基于研究流域的水功能分区,将河流水质目标设置为Ⅱ类或Ⅲ类水,计算 P 值,判断水质达标情况。

联合式(6-2)和式(6-3)进行综合评价。在具体评价过程中,应根据流域的河流水文特点、主要污染物及河流保护目标,对生态需水量比例的标准、生态需水水质标准等进行适时调整。

计算各河流的生态需水比例,结果如表 6-2 所示。由式(6-2)计算天门河、汉北河、汈汊湖北支、汈汊湖南支、滠水及大富水的河流生态需水分别占径流量的比例,分别为 74.6%、67.6%、34.5%、35.6%、46.2%、45.8%;根据式(6-3)计算(基于水质目标的浓度控制范围分别计算水质综合污染指数的下限、上限),以 COD 作为水质评价指标,天门河、汉北河、汈汊湖北支、汈汊湖南支、滠水及大富水的水质综合污染指数分别为 1.2/1.9、0.6/0.9、0.9/1.4、0.6/0.9、0.6/0.9 及 0.7/1.1。

根据"量"与"质"综合评价方法与标准,对汉北流域生态需水进行评价(见表 6-2),结果显示:从水量角度评价,基于 $E_e \geqslant 60\%$ 的设定标准,天门河、汉北河达标,其余河流均不达标;从水质角度评价,汉北河、汈汊湖南支、滠水上、下限标准均达标;汈汊湖北支、大富水下限达标,上限不达标;天门河上限、下限均不达标。因此,从"量"与"质"相结合的角度评价,汉北流域各河流仅汉北河达标,其余均不达标。

表 6-2　汉北流域生态需水评价结果

河流	水量评价			水质评价		水量水质综合评价结果
	生态需水总量（亿 m³/a）	生态需水比例（%）	评价结果	水质综合污染指数（下限/上限）	评价结果（下限/上限）	
天门河	1.45~5.45	74.6	达标	1.2/1.9	不达标/不达标	不达标
汉北河	0.85~2.65	67.6	达标	0.6/0.9	达标/达标	达标
汈汊湖北支	0.47~1.83	34.5	不达标	0.9/1.4	达标/不达标	不达标
汈汊湖南支	0.32~1.1	35.6	不达标	0.6/0.9	达标/达标	不达标
滠水	0.25~0.91	46.2	不达标	0.6/0.9	达标/达标	不达标
大富水	0.44~1.51	45.8	不达标	0.7/1.1	达标/不达标	不达标

6.3 生态需水适宜性评价

上节对汉北流域水量、水质进行了评价,结果显示,目前河流生态需水满足情况不容乐观,基于生态需水的计算结果与评价方法,模拟对汉北流域补充最小或适宜生态需水量后的生态需水比例及水质综合污染指数,并开展适宜性评价,评价结果如表6-3所示。

表 6-3　开展引水条件下的汉北流域生态需水评价结果

河流	生态需水比例(%)			水质综合污染指数			水量水质综合评价结果
	最小	适宜	评价结果（最小/适宜）	最小（下限/上限）	适宜（下限/上限）	评价结果（最小/适宜）	
天门河	79.4	86.1	达标/达标	1.0/1.7	0.8/1.4	达标/达标	达标
汉北河	67.6	79.0	达标/达标	0.6/0.9	0.6/1.0	达标/达标	达标
汈汊湖北支	34.5	50.6	不达标/不达标	0.9/1.4	0.8/1.2	达标/达标	不达标
汈汊湖南支	35.6	34.8	不达标/不达标	0.6/0.9	0.6/0.9	达标/达标	不达标
溾水	46.2	46.2	不达标/不达标	0.6/0.9	0.6/0.9	达标/达标	不达标
大富水	45.8	54.5	不达标/不达标	0.7/1.1	0.6/1.0	达标/达标	不达标

在生态需水比例指标方面,如开展最小生态需水引水,各河流生态需水比例提高幅度不大,天门河与汉北河依然达标,汈汊湖北支、南支、溾水与大富水不达标,未能达到 $E_e \geq$ 60%的设定标准;如按照适宜生态需水量计算结果进行引水,天门河、汉北河达标,其余河流不达标。

在水环境方面,如开展最小生态需水引水,所有河流均可以满足污染物浓度的下限标准(水功能区要求为Ⅱ类水的,达到 4 mg/L 即可,水功能区要求为Ⅲ类水的,达到 6 mg/L 即可),汉北河、汈汊湖南支及溾水可达到上限标准,其余河流均不能满足上限标准;按照适宜生态需水引水,除天门河、汈汊湖北支不能达到上限标准外,所有河流均可达到上限标准。

在开展引水条件下,通过式(6-4)、式(6-5)计算汉北流域各河流的生态需水比例(E_e)与水质综合污染指数(P)。

$$E_e = 1 - \frac{W_s}{W_i + W_d} \tag{6-4}$$

$$P = \frac{(W_i C_i + W_d C_d)/(W_i + W_d)}{C_o} \tag{6-5}$$

式中:E_e 为生态需水比例;W_d 为外引水量;W_i 为河流初始水量;W_s 为社会用水量;P 为河流的水质综合污染指数;C_i 为河流初始污染物浓度;C_d 为外引水源污染物浓度;C_o 为污

染物的评价标准值。

　　基于式(6-4)、式(6-5)对各河流的 E_e 值与 P 值(以水质下限为标准)进行做图,如图 6-1 所示。由图 6-1 可知,在不引水情况下天门河现有水量可满足 E_e 值要求,不能满足 P 值要求,因此引水量达到 1.6 亿 m³ 可满足 E_e 值与 P 值的要求;汉北河可同时满足 E_e 值与 P 值要求,不需要引水;汈汊湖北支、汈汊湖南支、溾水及大富水水质均可满足 P 值的要求,但不能满足 E_e 值要求,分别需引水 5.45 亿 m³、3.45 亿 m³、0.67 亿 m³、1.65 亿 m³,即可满足 E_e 值与 P 值的要求。

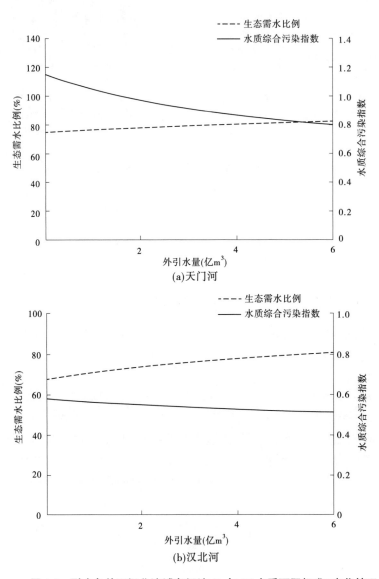

图 6-1　引水条件下汉北流域各河流 E_e 与 P(水质下限标准)变化情况

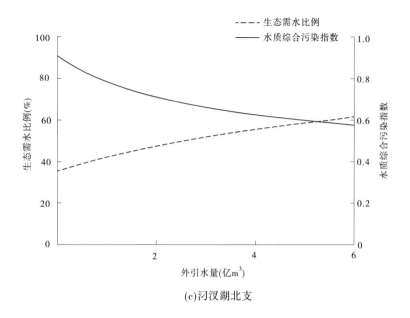

(c)汈汊湖北支

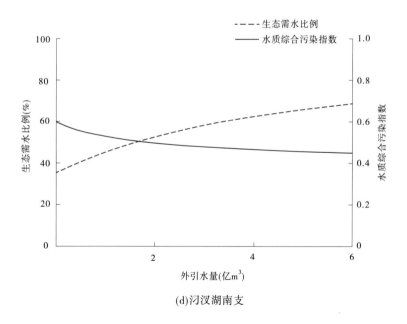

(d)汈汊湖南支

续图 6-1

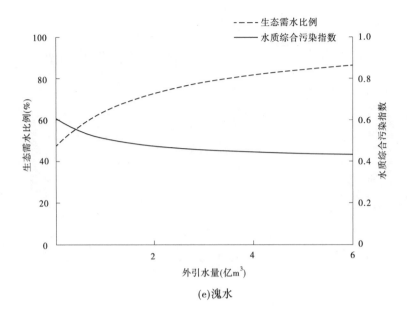

(e)溹水

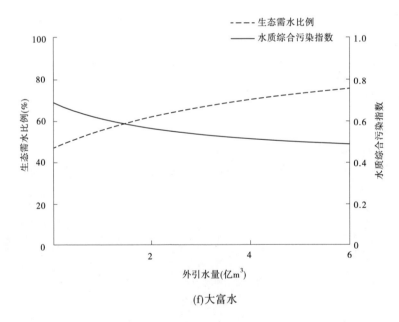

(f)大富水

续图 6-1

基于式(6-4)、式(6-5)对各河流的 E_e 值与 P 值(以水质上限为标准)进行做图,如图 6-2 所示。由图 6-2 可见,天门河、汈汊湖北支及大富水的水质不能满足 P 值要求,分别需引水 7.83 亿 m^3、2.79 亿 m^3、0.29 亿 m^3,对于 E_e 值,结果同上。

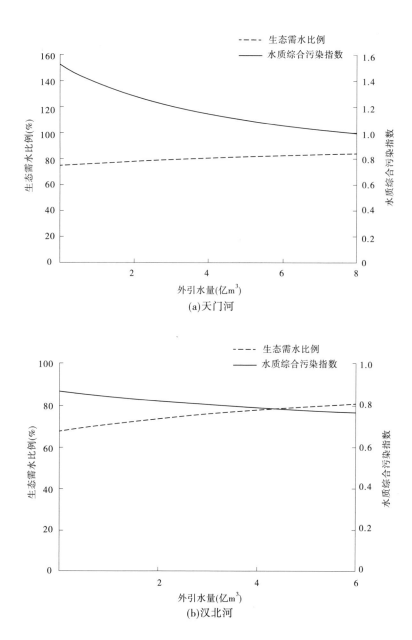

图 6-2 引水条件下汉北流域各河流 E_e 与 P(水质上限标准)变化情况

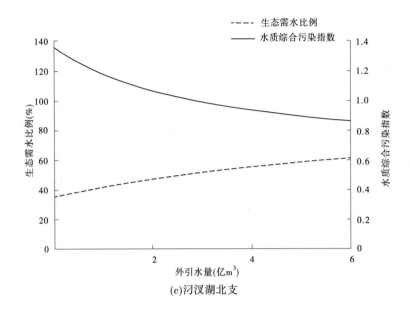

(c)汈汊湖北支

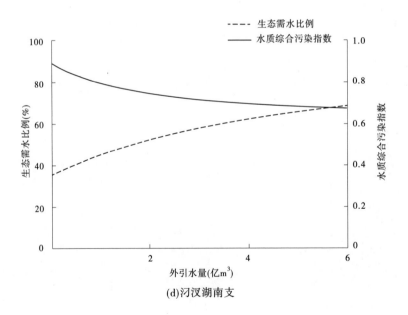

(d)汈汊湖南支

续图 6-2

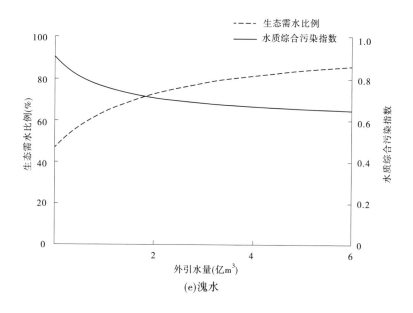

(e)漲水

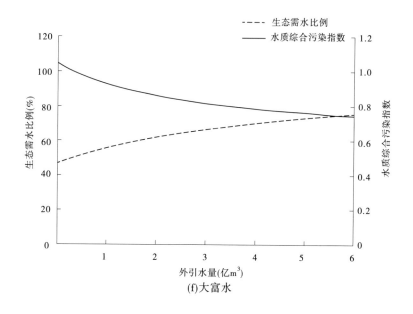

(f)大富水

续图 6-2

基于汉北流域水资源现状,综合可持续发展理念,在最小生态需水量的基础上补充水量,同时满足 P 值与 E_e 值指标,可用最小水量满足汉北流域水量、水质生态需水量要求。

因此,以满足 $E_e = 60\%$ 为标准,汈汊湖北支、汈汊湖南支、漲水及大富水需外引水量分别为 5.45 亿 m^3、3.45 亿 m^3、0.67 亿 m^3、1.65 亿 m^3,天门河、汉北河富余水量分别为 4.93 亿 m^3、1.65 亿 m^3,由于汈汊湖北支、南支处于天门河下游位置,缺水量可通过天门河分流进行补充。考虑水质因素,天门河引水 1.6 亿 m³,汉北流域整体水质综合污染指数均可达标。因此,天门河可有 8.18 亿 m³ 水量下泄补充汈汊湖北支、南支,调整后,天门河、汈汊湖南支、漹水及大富水最小生态补水量分别为 1.6 亿 m³、0.89 亿 m³、0.67 亿 m³、1.65 亿 m³,合计需生态补水量 4.81 亿 m³,如表 6-4 所示。在此引水条件下,汉北流域各河流水质均能满足水质综合污染指数的下限标准,河流水质均达标。

表 6-4　汉北流域最小、适宜生态补水量推荐结果

需水等级	河流	天门河	汉北河	汈汊湖北支	汈汊湖南支	漹水	大富水	合计
最小 (亿 m³)	初计算结果	-4.93	-1.65	5.45	3.45	0.67	1.65	—
	调整后结果	1.60	0	0	0.89	0.67	1.65	4.81
适宜 (亿 m³)	初计算结果	7.83	-1.65	5.45	3.45	0.67	1.65	—
	调整后结果	7.83	0	0	0	0.67	1.65	10.15

同理,进行基于适宜生态需水标准进行计算,结果如表 6-4 所示。不同于最小生态补水量的计算结果,在适宜生态补水量计算结果中,汈汊湖水系不需要生态补水,其原因在于上游的天门河生态补水量较大,其下泄流量可满足汈汊湖水系对水量的要求。因此,满足适宜生态需水,汉北流域生态补水量为 10.15 亿 m³。

汉北流域各河流满足最小、适宜生态补水量逐月结果如表 6-5、表 6-6 所示。

表 6-5　汉北流域最小生态补水量逐月结果

河流	逐月生态补水量(亿 m³)											
	1 月	2 月	3 月	4 月	5 月	6 月	7 月	8 月	9 月	10 月	11 月	12 月
天门河	0.03	0.04	0.05	0.08	0.15	0.21	0.35	0.24	0.15	0.14	0.10	0.06
汉北河	0	0	0	0	0	0	0	0	0	0	0	0
汈汊湖北支	0	0	0	0	0	0	0	0	0	0	0	0
汈汊湖南支	0.02	0.02	0.04	0.06	0.09	0.12	0.21	0.13	0.09	0.06	0.05	0
漹水	0.02	0.01	0.02	0.03	0.05	0.08	0.14	0.11	0.08	0.06	0.04	0.02
大富水	0.04	0.05	0.06	0.09	0.19	0.23	0.42	0.22	0.13	0.10	0.08	0.05
合计	0.11	0.12	0.17	0.26	0.48	0.64	1.12	0.70	0.45	0.36	0.27	0.13

表 6-6　汉北流域适宜生态补水量逐月结果

河流	逐月生态补水量(亿 m³)											
	1 月	2 月	3 月	4 月	5 月	6 月	7 月	8 月	9 月	10 月	11 月	12 月
天门河	0.16	0.18	0.25	0.40	0.73	1.02	1.72	1.19	0.76	0.67	0.47	0.29
汉北河	0	0	0	0	0	0	0	0	0	0	0	0
汈汊湖北支	0	0	0	0	0	0	0	0	0	0	0	0
汈汊湖南支	0	0	0	0	0	0	0	0	0	0	0	0
漹水	0.02	0.01	0.02	0.03	0.05	0.08	0.14	0.11	0.08	0.06	0.04	0.02
大富水	0.04	0.05	0.06	0.09	0.19	0.23	0.42	0.22	0.13	0.10	0.08	0.05
合计	0.22	0.24	0.33	0.52	0.97	1.33	2.28	1.52	0.97	0.83	0.59	0.36

对汉北流域外引水量开展空间插值分析,如图 6-3、图 6-4 所示。

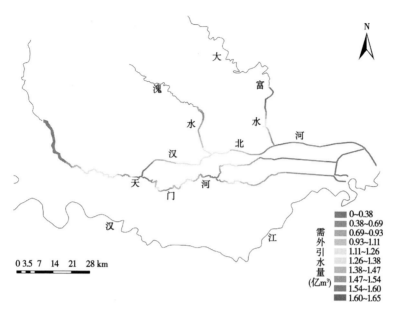

图 6-3　汉北流域最小生态补水量

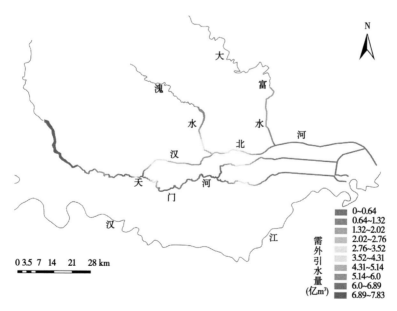

图 6-4　汉北流域适宜生态补水量

参 考 文 献

[1] 左其亭, 刘欢, 马军霞. 人水关系的和谐辨识方法及应用研究[J]. 水利学报, 2016, 47(11):1363-1370,1379.

[2] 夏军, 左其亭. 我国水资源学术交流十年总结与展望[J]. 自然资源学报, 2013, 28(9):1488-1497.

[3] 左其亭, 罗增良, 马军霞. 水生态文明建设理论体系研究[J]. 人民长江, 2015, 46(8):1-6.

[4] 王丽, 陈求稳, 陈凯, 等. 淮河干流基于生态流量的目标鱼类选择研究[J]. 环境科学学报, 2017, 37(6):2379-2386.

[5] Roozbahani R, Schreider S, Abbasi B. Multi-objective decision making for basin water allocation[C]// 20th International Congress on Modelling and Simulation, 2013.

[6] Li R N, Chen Q W, Chen D. Ecological hydrograph based on Schizothorax chongi habitat conservation in the dewatered river channel between Jinping cascaded dams[J]. Science China Technological Sciences, 2011, 54(S1):54-63.

[7] Covich A. Water in crisis: a guide to the world's fresh water resources[M]. New York: New York Oxford University Press, 1993.

[8] Gleick P H. Water in crisis: paths to sustainable water use[J]. Ecological Applications, 1998, 8(3): 571-579.

[9] 刘昌明. 中国 21 世纪水问题方略[M]. 北京: 科学出版社, 1996.

[10] 杨志峰. 湿地生态需水机理、模型和配置[M]. 北京: 科学出版社, 2012,

[11] 杨志峰, 张远. 河道生态环境需水研究方法比较[J]. 水动力学研究与进展 A 辑, 2003, 18(3): 294-301.

[12] Tennant D L. Instream flow regimens for fish, wildlife, recreation and related environmental resources [J]. Fisheries, 1976, 1(4):6-10.

[13] Chen Q, Chen D, Li R, et al. Adapting the operation of two cascaded reservoirs for ecological flow requirement of a de-watered river channel due to diversion-type hydropower stations[J]. Ecological Modelling, 2013, 252(1):266-272.

[14] Wang Z Y, Lee J H W, Melching C S. River Ecology and Restoration[M]. Berlin: Springer Berlin Heidelberg, 2015.

[15] 陈敏建, 丰华丽, 王立群, 等. 适宜生态流量计算方法研究[J]. 水科学进展, 2007, 18(5):745-750.

[16] 杨志峰, 于世伟, 陈贺, 等. 基于栖息地突变分析的春汛期生态需水阈值模型[J]. 水科学进展, 2010, 21(4):567-574.

[17] 崔瑛, 张强, 陈晓宏, 等. 生态需水理论与方法研究进展[J]. 湖泊科学, 2010, 22(4):465-480.

[18] 孟钰, 张翔, 夏军, 等. 水文变异下淮河长吻鮠生境变化与适宜流量组合推荐[J]. 水利学报, 2016, 47(5):626-634.

[19] Arthington A H, Bunn S E, Poff L R, et al. The challenge of providing environmental flow rules to sustain river ecosystems[J]. Ecological Applications, 2006, 16(4):1311-1318.

[20] Acreman M, Arthington A H, Colloff M J, et al. Environmental flows for natural, hybrid, and novel riverine ecosystems in a changing world[J]. Frontiers in Ecology & the Environment, 2016, 12(8):466-

473.

[21] Acreman M C, Overton I C, King J, et al. The changing role of ecohydrological science in guiding envi-ronmental flows[J]. International Association of Scientific Hydrology Bulletin, 2014, 59(3-4):433-450.

[22] 左其亭,赵衡,马军霞. 水资源与经济社会和谐平衡研究[J]. 水利学报, 2014(7):785-792,800.

[23] Baron J S, Poff L R, Angermeier P L, et al. Meeting ecological and societal needs for freshwater[J]. Ecological Applications, 2002, 12(5):1247-1260.

[24] Merrett S. Introduction to the economics of water resources: an international perspective[M]. London: UCL Press, 1997.

[25] Merrett S. Integrated water resources management and the hydrosocial balance[J]. Water International, 2004, 29(2):148-157.

[26] Falkenmark M. Society's interaction with the water cycle: a conceptual framework for a more holistic ap-proach[J]. International Association of Scientific Hydrology Bulletin, 1997, 42(4):451-466.

[27] Oki T, Kanae S. Global hydrological cycles and world water resources[J]. Science, 2006, 313(5790): 1068-1072.

[28] Mollinga P P. Canal irrigation and the hydrosocial cycle: the morphogenesis of contested water control in the Tungabhadra Left Bank Canal, South India[J]. Geoforum, 2014, 57(57):192-204.

[29] Linton J, Budds J. The hydrosocial cycle: defining and mobilizing a relational-dialectical approach to wa-ter[J]. Geoforum, 2014, 57:170-180.

[30] Budds J, Linton J, McDonnell R. The hydrosocial cycle[J]. Geoforum, 2014, 57:167-169.

[31] Swyngedouw E. The political economy and political ecology of the hydro-social cycle[J]. Journal of Con-temporary Water Research & Education, 2010, 142(1):56-60.

[32] 张杰,熊必永,李捷. 水健康循环原理与应用[M]. 北京:中国建筑工业出版社, 2006.

[33] 王浩,陈敏建,秦大庸. 西北地区水资源合理配置和承载能力研究[M]. 郑州:黄河水利出版社, 2003.

[34] Bakker K. Water security: research challenges and opportunities[J]. Science, 2012, 337(6097):914.

[35] Palmer M A. Water resources: beyond infrastructure[J]. Nature, 2010, 467(7315):534-535.

[36] Vörösmarty C J, McIntyre P B, Gessner M O, et al. Global threats to human water security and river biodiversity[J]. Nature, 2010, 467:555-561.

[37] Lovett R. Rivers on the run[J]. Nature, 2014, 511:521-523.

[38] O'Connor J E, Duda J J, Grant G E. 1000 dams down and counting[J]. Science, 2015, 348(6234): 496-497.

[39] 张翔,穆宏强,娄保锋. 流域水环境的可恢复性及可持续利用研究进展[J]. 水资源研究, 2013 (4):1-3.

[40] 张杰,丛广治. 我国水环境恢复工程方略[J]. 中国工程科学, 2002, 4(8):44-49.

[41] 王浩,龙爱华,于福亮,等. 社会水循环理论基础探析Ⅰ:定义内涵与动力机制[J]. 水利学报, 2011,39(4):379-387.

[42] Armentrout G W, Wilson J F. An assessment of low flows in streams in northeastern Wyoming[R]. Water-Resources Investigations Report, 1987.

[43] 崔树彬. 关于生态环境需水量若干问题的探讨[J]. 中国水利, 2001(8):71-74.

[44] 靳美娟. 生态需水研究进展及估算方法评述[J]. 农业环境与发展, 2013(5):53-57.

[45] Caissie D, Eljabi N. Comparison and regionalization of hydrologically based instream flow techniques in

Atlantic Canada[J]. Canadian Journal of Civil Engineering, 1995, 22(2):235-246.

[46] Tharme R E. A global perspective on environmental flow assessment: emerging trends in the development and application of environmental flow methodologies for rivers[J]. River research and applications, 2003, 19(5-6):397-441.

[47] 李昌文. 基于改进 Tennant 法和敏感生态需求的河流生态需水关键技术研究[D].武汉:华中科技大学, 2015.

[48] 王西琴,刘昌明,杨志峰. 生态及环境需水量研究进展与前瞻[J]. 水科学进展, 2002, 13(4):507-514.

[49] Sherrard J J,Erskine W D. Complex response of a sand-bed stream to upstream impoundment[J]. River Research and Applications, 1991, 6(1):53-70.

[50] 张丽. 黑河流域下游生态需水理论与方法研究[D]. 北京:北京林业大学, 2004.

[51] Straussfogel D,Becker M L. An evolutionary systems approach to policy intervention for achieving ecologically sustainable societies[J]. Systemic Practice and Action Research, 1996, 9(5):441-468.

[52] 徐杨,常福宣. 汉江中下游河道内生态需水满足率初探[J]. 长江科学院院报, 2009, 26(1):1-4.

[53] 刘昌明. 我国西部大开发中有关水资源的若干问题[J]. 中国水利, 2000(8):23-25.

[54] 丰华丽, 夏军,占车生. 生态环境需水研究现状和展望[J]. 地理科学进展, 2003, 22(6):591-598.

[55] 刘玉安. 流域水可获取性及生态需水研究——以汉江流域中下游(湖北省境内)为例[D]. 武汉:华中师范大学,2014.

[56] Gleick P H. Water in crisis: a guide to the world's fresh water resources[M]. New York:New York Oxford University Press, 1993.

[57] Gleick P H. The changing water paradigm: a look at twenty-first century water resources development [J]. Water International, 2000, 25(1):127-138.

[58] Gleick P H,Miller R W. The world's water, 2000–2001: the biennial report on freshwater resources [M]. Washing,DC:Island Press, 2002.

[59] 刘昌明. 中国21世纪水供需分析:生态水利研究[J]. 中国水利, 1999(10):18-20.

[60] 钱正英,张光斗. 中国可持续发展水资源战略研究综合报告及各专题报告[M].北京:中国水利水电出版社, 2001.

[61] 夏军,郑冬燕,刘青娥. 西北地区生态环境需水估算的几个问题研讨[J]. 水文, 2002, 22(5):12-17.

[62] 陈惠源. 水资源开发利用[M]. 武汉:武汉大学出版社, 2001.

[63] 杨志峰, 崔保山,刘静玲. 生态环境需水量评估方法与例证[J]. 中国科学 D 辑, 2004, 34(11):1072-1082.

[64] 徐志侠,河道与湖泊生态需水研究[D].南京:河海大学,2005.

[65] 王西琴. 河流生态需水理论、方法与应用[M]. 北京:中国水利水电出版社, 2007.

[66] 李广贺. 水资源利用工程与管理[M]. 北京:清华大学出版社, 1998.

[67] 王西琴, 刘昌明,张远. 基于二元水循环的河流生态需水水量与水质综合评价方法——以辽河流域为例[J]. 地理学报, 2006, 61(11):1132-1140.

[68] 李兴德. 小流域生态需水及生态健康评价研究[D]. 泰安:山东农业大学, 2012.

[69] 崔保山,杨志峰. 湿地生态系统健康研究进展[J]. 生态学杂志, 2001, 20(3):31-36.

[70] 崔保山,杨志峰. 湿地生态系统健康的时空尺度特征[J]. 应用生态学报, 2003, 14(1):121-125.

[71] Davis J, Froend R, Hamilton D, et al. Environmental flows initiative technical report number 1: environ-

mental water requirements to maintain wetlands of national and international importance[R]. Commonwealth of Australia, Canberra,2001.

[72] Boner M C,Furland L P. Seasonal treatment and variable effluent quality based on assimilative capacity [J]. Journal - Water Pollution Control Federation, 1982, 54(54):1408-1416.

[73] Mathews Jr R C,Bao Y. The texas method of preliminary instream flow assessment[J]. Rivers, 1991, 2 (4):295-310.

[74] Dunbar M J, Gustard A, Acreman M C, et al. Review of overseas approaches to setting river flow objectives[C]// R&D Technical Report W6161 Environment Agency and Institute of Hydrology, Wallingford83, 1996.

[75] Palau A A J. The basic flow: an alternative approach to calculate minimum environmental instream flows [C]// Proceedings of 2nd International Symposium on Habitat Hydraulics, 1996.

[76] 徐志侠、陈振民、王妍、等. 电力工程水资源论证中的生态需水[J]. 电力勘测设计, 2003(2):13-16.

[77] DK B. A habitat-discharge method of determining instream flows for aquatic habitat[C]// Proceedings of Symposium and Specility Conference on Instream Flow Needs Ⅱ Bethesda: American Fisheries Society Maryland, 1976.

[78] Mosley M P. Analysis of the effect of changing discharge on channel morphology and instream uses in a Braided River, Ohau River, New Zealand[J]. Water Resources Research, 1982, 18(4):800-812.

[79] 刘昌明, 门宝辉, 宋进喜. 河道内生态需水量估算的生态水力半径法[J]. 自然科学进展, 2007, 17(1):42-48.

[80] Gippel C J,Stewardson M J. Use of wetted perimeter in defining minimum environmental flows[J]. Regulated rivers: research & management, 1998, 14(1):53-67.

[81] 张远、郑丙辉、王西琴、等. 辽河流域浑河、太子河生态需水量研究[J]. 环境科学学报, 2007, 27 (6):937-943.

[82] Ansar M,Nakato T. Experimental study of 3D pump-intake flows with and without cross flow[J]. Journal of Hydraulic Engineering, 2001, 127(10):825-834.

[83] 郭新春, 罗麟, 姜跃良, 等. 计算山区小型河流最小生态需水的水力学法[J]. 水力发电学报, 2009, 28(4):159-165.

[84] Stalnaker C, Lamb B L, Henriksen J, et al. The instream flow incremental methodology: a primer for IFIM[C]// National biological service fort collins co midcontinent ecological science center,1995.

[85] King J M, Tharme R E, De Villiers M S. Environmental flow assessments for rivers: manual for the Building Block Methodology[C]// Water Research Commission Pretoria, 2000.

[86] Azzellino A,Vismara R. Pool quality index: new method to define minimum flow requirements of high-gradient, low-order streams[J]. Journal of Environmental Engineering, 2001, 127(11):1003-1013.

[87] 刘静玲, 杨志峰, 林超, 等. 流域生态需水规律研究[J]. 中国水利, 2006(13):18-21.

[88] 许倍慎. 江汉平原土地利用景观格局演变及生态安全评价[D]. 武汉:华中师范大学, 2012.

[89] 张应华, 仵彦卿, 温小虎, 等. 环境同位素在水循环研究中的应用[J]. 水科学进展, 2006, 17 (5):738-747.

[90] 杨淇越. 黑河流域大气降水环境同位素应用研究[D]. 兰州:兰州大学, 2010.

[91] 章新平, 姚檀栋, 田立德. 水体蒸发过程中稳定同位素分馏的模拟[J]. 冰川冻土, 2003, 25(1):65-71.

[92] 章新平, 田立德, 刘晶淼, 等. 沿三条水汽输送路径的降水中 $\delta^{18}O$ 变化特征[J]. 地理科学,

2005, 25(2):190-196.

[93] 吴华武,章新平,关华德,等. 不同水汽来源对湖南长沙地区降水中δD、δ¹⁸O的影响[J]. 自然资源学报, 2012(8):1404-1414.

[94] 章新平,关华德,孙治安,等. 云南降水中稳定同位素变化的模拟和比较[J]. 地理科学, 2012, 32(1):121-128.

[95] Vaughan J I. An evaluation of observed and simulated high-resolution records of stable isotopes in precipitation[D]. Melbourne:University of Melbourne, 2007.

[96] Zhang X, Yao T, Liu J, et al. Simulations of stable isotopic fractionation in mixed cloud in middle latitudes-Taking the precipitation at Ürümqi as an example[J]. Advances in Atmospheric Sciences, 2003, 20(2):261-268.

[97] Craig H. Isotopic variations in meteoric waters[J]. Science, 1961, 133(3465):1702-1703.

[98] 宋献方,夏军,于静洁,等. 应用环境同位素技术研究华北典型流域水循环机理的展望[J]. 地理科学进展, 2002, 21(6):527-537.

[99] Coplen T. Stable isotope hydrology:deuterium and oxygen-18 in the water cycle[J]. Eos Transactions American Geophysical Union, 1982, 63(45):861-862.

[100] 张应华. 应用环境同位素对黑河流域水循环的研究[D]. 兰州:中国科学院寒区旱区环境与工程研究所, 2005.

[101] 尹观,范晓. 四川九寨沟水循环系统的同位素示踪[J]. 地理学报, 2000, 55(4):487-494.

[102] Dansgaard W. Stable isotope in precipitation[J]. Tellus, 1964, 16(4):436-468.

[103] 章新平,刘晶淼,中尾正义,等. 我国西南地区降水中过量氘指示水汽来源[J]. 冰川冻土, 2009, 31(4):613-619.

[104] 尹观,倪师军,张其春. 氘过量参数及其水文地质学意义——以四川九寨沟和冶勒水文地质研究为例[J]. 成都理工大学学报(自然科学版), 2001, 28(3):251-254.

[105] Merlivat L,Jouzel J. Global climatic interpretation of the deuterium-oxygen 18 relationship for precipitation[J]. Journal of Geophysical Research Oceans, 1979, 84(C8):5029-5033.

[106] Jouzel J,Merlivat L. Deuterium and oxygen 18 in precipitation:modeling of the isotopic effects during snow formation[J]. Journal of Geophysical Research Atmospheres, 1984, 89(D7):11749-11757.

[107] Gat J R.,Carmi I. Evolution of the isotopic composition of atmospheric waters in the Mediterranean Sea area [J]. Journal of Geophysical Research, 1970, 75(15):3039-3048.

[108] Ingraham N L,Taylor B E. Hydrogen isotope study of large-scale meteoric water transport in Northern California and Nevada[J]. Journal of Hydrology, 1986, 85(1):183-197.

[109] 邓志民,张翔,潘国艳. 武汉市大气降水的氢氧同位素变化特征[J]. 长江科学院院报, 2016, 33(7):12-17.

[110] 高宗军,于晨,田禹,等. 中国大陆大气降水线斜率分区及其水汽来源研究[J]. 地下水, 2017, 39(6):149-152.

[111] 石辉,刘世荣,赵晓广. 稳定性氢氧同位素在水分循环中的应用[J]. 水土保持学报, 2003, 17(2):163-166.

[112] 林云,王根绪,潘国营. 基于同位素和水化学的地下水污染机理研究[J]. 中国农村水利水电, 2010,(5):1-4.

[113] 李发东. 基于环境同位素方法结合水文观测的水循环研究:以太行山区流域为例[D]. 北京:中国科学院研究生院, 2005.

[114] 靳书贺,姜纪沂,迟宝明,等. 基于环境同位素与水化学的霍城县平原区地下水循环模式[J].

水文地质工程地质, 2016, 43(4):43-51.

[115] 张升东. 基于环境同位素的锦绣川流域水循环规律研究[D]. 济南:济南大学, 2013.

[116] 李广, 章新平, 张立峰, 等. 长沙地区不同水体稳定同位素特征及其水循环指示意义[J]. 环境科学, 2015(6):2094-2101.

[117] Jouzel J, Froehlich K, Schotterer U. Deuterium and oxygen-18 in present-day precipitation: data and modeling[J]. Hydrological Sciences Journal/Journal Des Sciences Hydrologiques, 1997, 42(5):747-763.

[118] 杨珂玲. 湖北省地下水污染防治研究[J]. 长江大学学报(自然科学版), 2013, 10(12):19-23.

[119] 曾思栋, 夏军, 杜鸿, 等. 气候变化、土地利用/覆被变化及 CO_2 浓度升高对滦河流域径流的影响[J]. 水科学进展, 2014, 25(1):10-20.

[120] Goovaerts P. Geostatistical approaches for incorporating elevation into the spatial interpolation of rainfall[J]. Journal of Hydrology, 2000, 228(1):113-129.

[121] Penman H L. Natural evaporation from open water, bare soil and grass[J]. Proceedings of the Royal Society of London, 1948, 193(1032):120.

[122] Allan R G, Pereira L S, Raes D, et al. Crop Evapotranspiration: guidelines for computing crop water requirements[M]. Rome: Food and Agriculture Organization of United Nations,1998.

[123] 邱新法, 曾燕,刘昌明. 陆面实际蒸散研究[J]. 地理科学进展, 2003, 22(2):118-124.

[124] 邱新法, 曾燕, 缪启龙, 等. 用常规气象资料计算陆面年实际蒸散量[J]. 中国科学 D 辑, 2003, 33(3):281-288.

[125] Xia Jun, Wang Gangsheng, Tan Ge, et al. Development of distributed time-variant gain model for non-linear hydrological systems[J]. 中国科学:地球科学, 2005, 48(6):713-723.

[126] 刘昌明. 黄河流域水循环演变若干问题的研究[J]. 水科学进展, 2004, 15(5):608-614.

[127] 包为民. 水文预报[M]. 4 版.北京:中国水利水电出版社, 2009.

[128] 赵人俊. 流域水文模拟:新安江模型与陕北模型[M]. 北京:水利电力出版社, 1984.

[129] 赵串串. 分布式水文模型在渭河流域水资源综合管理中的应用研究[D]. 西安:西安建筑科技大学, 2007.

[130] 樊明兰. 基于DEM的分布式水文模型在中尺度径流模拟中的应用研究[D].成都:四川大学, 2004.

[131] 程根伟,舒栋才. 水文预报的理论与数学模型[M]. 北京:中国水利水电出版社, 2009.

[132] 王正勇、杨胜梅、马琨, 等. 基于空间信息技术的六股河流域河网水系提取[J]. 长江科学院院报, 2016, 33(11):63-67.

[133] 吴辉, 严志雁, 汪镇达. 基于DEM的自动河网提取方法——以江西省黎川县为例[J]. 水利与建筑工程学报, 2012, 10(4):27-30.

[134] 赵亚萍, 黄岩,邱道持. 数字流域河网提取中的阈值问题研究[J]. 信阳师范学院学报(自然科学版), 2008, 21(2):232-235.

[135] 尹剑, 占车生, 顾洪亮, 等. 基于水文模型的蒸散发数据同化实验研究[J]. 地球科学进展, 2014, 29(9):1075-1084.

[136] 肖玉成, 董飞, 张新华, 等. 基于SWAT分布式水文模型的河道内生态基流[J]. 四川大学学报(工程科学版), 2013, 45(1):85-90.

[137] 王浩, 贾仰文、杨贵羽, 等. 海河流域二元水循环及其伴生过程综合模拟[J]. 科学通报, 2013, 58(12):1064-1077.

[138] 朱永霞. 社会水循环全过程能耗评价方法研究[D]. 北京:中国水利水电科学研究院, 2017.

[139] 刘家宏,秦大庸,王浩,等. 海河流域二元水循环模式及其演化规律[J]. 科学通报,2010, 55
　　　(6):512-521.

[140] 陈庆秋,薛建枫,周永章. 城市水系统环境可持续性评价框架[J]. 中国水利,2004(3):6-10.

[141] 黄徽. 城市综合节水规划方法及应用研究[D].北京:清华大学,2010.

[142] 张杰,李冬. 水环境恢复与城市水系统健康循环研究[J]. 中国工程科学,2012, 14(3):21-26.

[143] 苏云. 基于社会水循环的节水型社会建设规划方法与实证研究[D]. 上海:华东师范大学,2012.

[144] 方韬. 合肥市城市需水量预测研究[D]. 合肥:合肥工业大学,2007.

[145] 王娇娇. 区域社会水循环内涵及其调控机制研究[D].扬州:扬州大学,2015.

[146] 夏荣尧. 基于 ARIMA 模型的我国通货膨胀预测研究[D]. 长沙:湖南大学,2009.

[147] 刘苏峡,夏军,莫兴国,等. 基于生物习性和流量变化的南水北调西线调水河道的生态需水估算
　　　[J]. 南水北调与水利科技,2007, 5(5):12-17,21.

[148] 刘苏峡,莫兴国,夏军,等. 用斜率和曲率湿周法推求河道最小生态需水量的比较[J]. 地理学
　　　报,2006, 61(3):273-281.

[149] 陈宜瑜. 横断山区鱼类[M].北京:科学出版社,1998.

[150] 黄锦辉. 黄河干流生态环境需水研究[D]. 南京:河海大学,2005.

[151] 李中红. 浅谈水质 COD_{Cr}、COD_{Mn} 和 BOD_5 三者之间的关系[J]. 环境研究与监测,2003(4):354-
　　　354.

[152] 国家环境保护总局. 水和废水监测分析方法[M].北京:中国环境科学出版社,2002.

[153] 李志亮,仲跻文. 生化需氧量、化学需氧量、高锰酸盐指数三者关系简析[J]. 水利技术监督,
　　　2015, 23(1):5-6.

[154] 黄琳煜,聂秋月,周全,等. 基于 MIKE 11 的白莲泾区域水量水质模型研究[J]. 水电能源科学,
　　　2011(8):21-24.

[155] 杨洵,梁国华,周惠成. 基于 MIKE 11 的太子河观—葠河段水文水动力模型研究[J]. 水电能源
　　　科学,2010, 28(11):84-87.

[156] 程海云,黄艳. 丹麦水力研究所河流数学模拟系统[J]. 水利水电快报,1996(19):24-27.

[157] 王领元. 丹麦 MIKE 11 水动力模块在河网模拟计算中的应用研究[J]. 中国水运:学术版,2007,
　　　7(2):108-109.

[158] 赵凤伟. MIKE 11 HD 模型在下辽河平原河网模拟计算中的应用[J]. 水利科技与经济,2014
　　　(8):33-35.

[159] 伍成成. MIKE11 在盘锦双台子河口感潮段的应用研究[D].青岛:中国海洋大学,2011.

[160] 喻胜春,袁锦虎,邹允福. InfoWorks RS 软件在平原河网计算中的应用研究[J]. 中国农村水利水
　　　电,2009(10):44-46.

[161] 张小琴,包为民,梁文清,等. 考虑区间入流的双向波水位演算模型研究[J]. 水力发电,2009,
　　　35(6):8-11.

[162] 张斯思. 基于 MIKE 11 水质模型的水环境容量计算研究[D].合肥:合肥工业大学,2017.

[163] Cardwell H,Ellis H. Stochastic dynamic programming models for water quality management[J]. Water
　　　Resources Research,1993, 29(4):803-813.

[164] Kerachian R,Karamouz M. Waste-load allocation model for seasonal river water quality management:
　　　application of sequential dynamic genetic algorithms[J]. Scientia Iranica,2005, 12(2):117-130.

[165] 胡琳,卢卫,张正康. MIKE 11 模型在东苕溪水源地水质预警及保护的应用[J]. 水动力学研究
　　　与进展 A 辑,2016, 31(1):28-36.

[166] 白辉,陈岩,戴文燕,等. 赣江万安段突发水污染事故模拟预警研究[J]. 环境保护科学,2015

(6):113-117.

[167] 王帅. 基于水质模型的小流域污染控制方案[D]. 南京:南京大学, 2011.

[168] 左其亭, 李冬锋. 基于模拟-优化的重污染河流闸坝群防污调控研究[J]. 水利学报, 2013(8):979-986.

[169] 吕菲菲, 单楠, 马天海, 等. 多闸坝河网水系 TMDLs 计算模型构建及应用[J]. 南京大学学报(自然科学版), 2016, 52(1):96-102.

[170] 王兴伟, 陈家军, 郑海亮. 南水北调中线京石段突发性水污染事故污染物运移扩散研究[J]. 水资源保护, 2015(6):103-108.

[171] 常旭, 王黎, 李芬, 等. MIKE 11 模型在浑河流域水质预测中的应用[J]. 水电能源科学, 2013(6):58-62.

[172] 康利荣, 纪文娟, 徐景阳. 基于 MIKE 11 与 EFDC 模型的突发性水污染事故预测模拟研究[J]. 环境保护科学, 2013, 39(2):29-33.

[173] 冯民权, 郑邦民, 周孝德. 河流及水库流场与水质的数值模拟[M]. 北京:科学出版社, 2007.

[174] 张嫣然. 双台子河口芦苇湿地生态用水调度优化设计[D]. 青岛:中国海洋大学, 2012.

[175] 张亚丽, 申剑, 史淑娟, 等. 淮河支流污染物综合降解系数动态测算[J]. 中国环境监测, 2015, 31(2):64-67.

[176] 孙晓艳. 淮河干流(鲁台子至田家庵河段)一维水质模拟[D]. 合肥:合肥工业大学, 2007.

[177] 徐进. 大沽河干流青岛段水污染物总量控制研究[D]. 青岛:中国海洋大学, 2004.

[178] 陈弘扬, 任华堂, 徐世英, 等. 淮南市水厂取水口水质指标预警研究[J]. 北京大学学报(自然科学版), 2012(3):38-39.

[179] 刘玉年, 施勇, 程绪水, 等. 淮河中游水量水质联合调度模型研究[J]. 水科学进展, 2009, 20(2):177-183.

[180] 潘蓉, 邓东升. 基于 MIKE 11 的佛山市南海区罗村良安片内涌水质计算研究[J]. 广东水利水电, 2015(5):6-9.

[181] 彭森. 基于 WASP 模型的不确定性水质模型研究[D]. 天津:天津大学, 2010.

[182] 王坤, 杨姗姗, 徐征和, 等. 基于物联网的水库供水模拟与实时预警系统研究[J]. 水资源与水工程学报, 2017(3):117-122.

[183] 张召喜. 基于 SWAT 模型的凤羽河流域农业面源污染特征研究[D]. 北京:中国农业科学院, 2013.

[184] 陈丹, 张冰, 曾逸凡, 等. 基于 SWAT 模型的青山湖流域氮污染时空分布特征研究[J]. 中国环境科学, 2015, 35(4):1216-1222.

[185] 吴泽宁. 基于生态经济的区域水质水量统一优化配置研究[D]. 南京:河海大学, 2004.

[186] 高伟, 严长安, 李金城, 等. 基于水量-水质耦合过程的流域水生态承载力优化方法与例证[J]. 环境科学学报, 2017, 37(2):755-762.

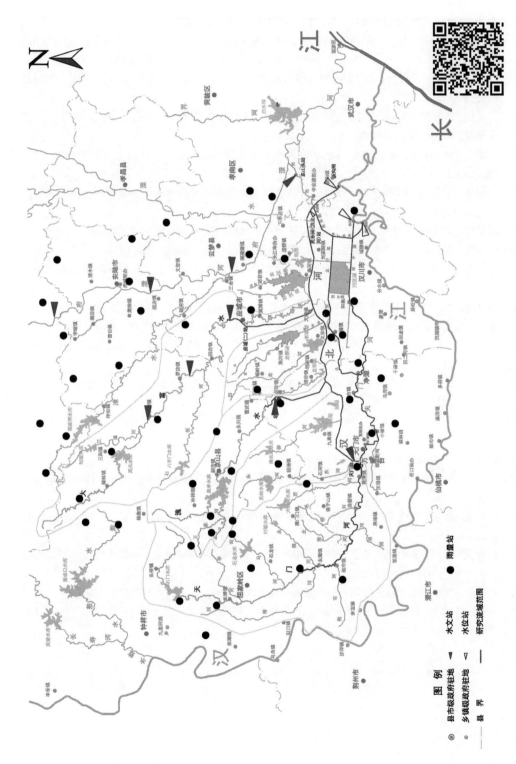

附图　汉北流域水系、水文站、水位站、雨量站点示意

附　表

附表 1　汉北流域雨量站点一览表

序号	站名	资料系列(年)
1	官桥	1965~2015
2	新华	1965~2015
3	惠亭山	1965~2015
4	皂市	1965~2015
5	三阳店	1965~2015
6	短港	1965~2015
7	渔子河	1965~2015
8	汉川	1965~2015
9	夏家场	1965~2015
10	干驿	1965~2015
11	兰家集	1965~2015
12	孙家桥	1965~2015
13	尚家店	1965~2015
14	柳林店	1965~2015
15	徐家店	1965~2015
16	接官厅	1965~2015
17	安陆	1965~2015
18	刘店	1965~2015
19	晏店	1965~2015
20	隔蒲潭	1965~2015
21	陈家店	1965~2015
22	白沙铺	1965~2015
23	卧龙潭	1965~2015
24	黄家集	1965~2015
25	洛阳店	1965~2015
26	棠棣树店	1965~2015

续附表 1

序号	站名	资料系列(年)
27	客店坡	1965~2015
28	祝家湾	1965~2015
29	太平镇	1965~2015
30	青板桥	1965~2015
31	姚家山	1965~2015
32	五房台	1965~2015
33	刘家石门	1965~2015
34	应城	1965~2015
35	天门	1965~2015
36	石板河	1965~2015
37	钱场	1965~2015
38	罗家集	1965~2015

附表 2　水文、水位站点一览表

站次	站名	所在河流	观测断面	观测项目	建站年份	资料系列（年）
1	天门站（黄潭）	汉北河	天门城关	水位、流量	1950	1951~2015
2	应城（二）站	大富水	应城城关	水位、流量	1950	1966~2015
3	民乐闸水文站	汉北河	汉北河民乐闸	水位、流量	1970	1971~2015
4	新沟闸站	汉北河	新沟闸	水位	1971	1965~2015
5	汉川闸	天门河	汉川闸	水位	1986	1970~2015

附表 3　天门水文站上游水库基本情况

序号	上游水库	建设时间	类型	调节性能	水库功能	水库建成时间（年-月）
1	石门水库	1954	大(2)型水库	多年调节	灌溉、防洪为主，兼顾发电、养殖等	1956-09
2	大观桥水库	1956~1964	中型水库	多年调节	灌溉、防洪，兼顾发电、养殖等	1964-01
3	叶畈水库	1975~1982	中型水库	多年调节	灌溉为主，兼顾防洪、水产养殖等	1980-01
4	石龙水库	1953~1955	中型水库	多年调节	灌溉、防洪为主，兼顾发电、养殖等	1955-04

附表 4　应城（二）站水文站上游水库基本情况

序号	上游水库	建设时间	类型	调节性能	水库功能	水库建成时间（年-月）
1	高关水库	1970~1973	大型水库	多年调节	灌溉为主，兼有防洪、发电、航运、养殖等	1973-12
2	八字门水库	1975~1978	中型水库	多年调节	防洪灌溉为主，兼有城镇供水、发电、养殖、林果业	1980
3	刘畈水库	1965~1967	中型水库	多年调节	灌溉防洪发电、水产养殖	1967-08
4	短港水库	1959~1964	中型水库	多年调节	灌溉防洪，兼顾养殖、城镇供水	1964-01